안데스 넘어 아마존으로

강인철 지음

수문출판사

책을 열며

라틴 아메리카에 대한 기대와 환상은 내 어릴적 꿈이었다. 교과
서 속의 글과 사진이 전부였지만 그때의 감흥을 생각하면 지금도
가슴이 설레곤 한다.

만년설의 안데스 소녀라든가 아마존 정글이라는 미답의 전설 그
리고 거대한 피라미드 신전과 인신공양을 바쳤다던 피의 제단, 게
다가 신이 내린 선물 이과수가 있고 황금의 도시에 나스까와 모아
이의 불가사의까지 생각의 나래가 허공을 날면, 비록 책으로 밖에
그려볼 수 없었던 이방세계 였지만 그것은 꿈이 되고 신화가 되어
오랜 세월동안 내 영혼의 일부로 자리매김 해왔다.
한반도의 1백배에 가까운 그 곳은 우리나라와는 지구 정반대쪽이
라 혹시나 사람들이 거꾸로 매달려 살지 않을까 그런 것까지 궁금
했던 어린시절의 상상은 너무나 행복한 옛 추억이다.

여행을 뜻하는 영어 트래블(travel)은 '세 개의 구멍'이라는 라틴
어 트레팔리움(Trepalium)에서 유래하고 있으며, 이는 죄인을 고문
시키는 형구의 이름으로써 여행이 마치 고문당하는 것처럼 고통스
러운 일과 같다는 의미에서 트래블이라는 단어가 탄생되고 있음은
그냥 예사로움이 아니다. 그러한 여행이 예나 지금이나 우리에게
주고 있는 선물이 있다면 그것은 자신과 세상을 성찰할 수 있는
소중한 체험의 기회다.

한때 방탕했던 프란치스코 성인도 여행을 통하여 새로운 신앙을
다졌고 청빈의 도를 깨우치지 않았던가.

'여행의 양(量)은 곧 인생의 양'이라는 옛 성현의 말씀에서 긴
세월 농축된 삶의 지혜를 얻는다.

소중한 추억들은 인생을 정직하고 겸허하게 해주는 묘약이다.

루불이나 대영박물관에는 감탄도 잘 하면서 실제 그 유물의 원산지(?)에는 상대적으로 관심이 적었던게 그간의 역사 문화기행 일면이었음을 반성하면서 지난 여름 몹시 뜨겁던 날 설레고 두려운 마음으로 서울을 나섰다. 5대양 6대주를 한바퀴 돌아 보고자 애써 노력해 온 10년 계획중 아홉번째 나들이였기 때문이다.

우선 멕시코시티에서 시작은 하였으나 중남미 일원을 생각하면 구석구석 아직도 궁금한 것 투성이다. 역사란 아는 만큼 보인다고도 했지만 알수록 더욱 궁금한 것 같기도 하다.

우루밤바의 계곡물이 흘러흘러 아마존이 되고 대서양에 이르듯이 이 순간에도 지구촌의 역사는 쉼없이 흐르고 있다.

아직껏 미지의 세계로 더 많이 알려진 그 곳이, 이 글을 통하여 세상에 널리 알려지는 제3의 열린 땅으로 바뀌기를 기대해 본다.

뜨악스런 원고를 예쁜 책으로 엮어준 李秀用 사장님께 감사드리며 배낭만 꾸려준 사랑하는 아내에게 고마움을 전하고 싶다.

2002년 초가을

五父子 姜仁喆

CONTENTS

저자의 여행 경로와 저서

1. 가깝고도 먼 나라 일본
   규슈—혼슈—사뽀로등 일본열도일주 풍물기행기, 1969년

2. 일제히 시작하는 땅 ARABIA
   사우디 아라비아등 중동일원의 아랍문화 답사기, 1979년

3. 오부자 라이브 인 U.S.A
   다섯 부자지간의 L.A에서 Boston까지 대학 순방기, 1995년

4. 중국 그리고 실크로드
   백두산에서 시작, 3형제의 중국대륙 동—서 횡단기, 1996년

5. 가서 본 유럽
   아버지와 딸의 5주간에 걸친 유럽 일주 방랑기, 1997년

6. 그래도 고려인은 살아있다
   우리동포 애환찾아 친구들과 시베리아철도 횡단, 1998년

7. 혼돈, 사람과 신들의 나라
   인간의 숲, 종교의 바다 북인도 횡단 카트만두까지,1999년

8. 에베레스트 2분의 1
   티베트-초모랑마-히말라야 넘어 네팔 포카라로, 2000년

9. 안데스넘어 아마존으로
   마야, 아즈텍, 잉카 트레킹과 아마존 답사기, 2002년

10. 아프리카! 아프리카!
    킬리만자로 등정후 인류의 고향찾아 북남종주, 2004년 예정

프롤로그

오래 전 아시아와 이집트에서 고대문명이 발달할 무렵 안데스와 멕시코를 위시한 중남미에서도 그에 못지않은 문화를 꽃피웠으니 챠빈(chavin)과 모치카(Mochica)에 올메카(Olmeca)가 그것이며 후에, 치무(chimu), 나스카(Nazca), 잉카(Inca), 마야(Maya), 아즈텍(Aztec) 등으로 찬란하게 계승 발전하였다. 그럼에도 불구하고 중세 이후 3백여년간 이들 대부분의 나라들은 언어, 종교, 인종, 정치, 문화, 경제 등에서 서구의 지배적인 영향권에 들고 만다.

19세기 들어 아메리카에서 자꾸만 커져가는 미국의 세력 확장을 막고 라틴민족을 도와야겠다는 나폴레옹 3세의 발상으로 중남미 일원을 라틴 아메리카(Latin Aamerica)라 부르기 시작 하였으니 이는 상대적으로 북미의 앵글로색슨 아메리카에 대한 대응개념이 농후 하였음은 물론 남미가 서유럽과 동질의 문화권 임을 표현하고 싶었던 강한 의지를 엿볼수 있다.

오늘날 카리브해 주변의 영어권 소수 몇나라를 제외하고 많은 국가에서 사용하고 있는 스페인어, 포르투갈어, 프랑스어 등이 라틴 문화권의 형제적(?) 면모를 띠고 있음은 애달픈 역사이기는 하나 어쩔수 없는 귀결이었는지 모른다.

지나간 한시절 남미를 지배했던 백인 지도자들이 흑백 혼혈은 피의 오염이며 이 땅의 전통적인 것은 모두가 반문명의 야만스러움으로 간주, 그런 것들을 깨끗이 청소하는 것만이 최선의 '문명화' 라고 생각한 적이 있었다는데 이는 적반하장도 유분수요 그것이야 말로 얼마나 어리석은 인간의 우매함인가.

예로부터 피의 청소라는 것은 불가능의 환상이었다. 인간의 뿌

8

리는 거부한다고 거부되는 것이 아니며 어느 누가 원했던 원하지
않았던 흘러간 역사는 바뀌지 않는 법. 그 과거 속에 서구의 침략
자들이 원죄의 중심에 버티고 있음은 지구촌 인류사의 아이러니
다.

마야와 콜럼버스, 그것은 카리브해의 알파요 오메가다. 전자가
사라진 문명의 대명사라면 후자는 새롭게 다가온 무리들의 이름이
다.

승자와 패자의 차이, 하지만 승자도 패자도 없이 홀로 이름만
존재하는 것이 유구한 역사가 아니던가.

힘센 왕조의 등장과 함께 서구 열강들이 숨가쁘게 돌아가던 16
세기 초 스페인과 포르투갈은 영국, 프랑스, 이탈리아를 앞질러 중
남미 여러 곳에 식민제국을 독과점으로 선점했다.

마젤란이나 아메리고 베스푸치와 같은 탐험가에 이어 코르테스
의 아즈텍 점령과 함께 피사로가 잉카제국에 상륙하면서 원주민들
에게 값싼 옷가지와 담배나 도, 검류를 주고 금, 은, 비단, 보석 등
고가품을 확보하려는 백인들의 다툼이, 이윽고 수천년을 고즈넉이
대대로 이어온 대제국의 위대한 역사와 문화유산을 한 순간에 무
너뜨리고 마는 어리석음을 범하고 만다.

정복욕에 사로잡힌 일당을 구원의 신(神)인 케찰코아틀로 오인
한 나머지, 싸워 무찌르기는 커녕 오히려 융숭한 예우로 맞아 들
였다니 '오! 안타까워라 목테쥬마 황제여……'

바다를 건너온 열강들을 자신의 또 다른 모국으로 맞아들일 수
밖에 없었던 그들은 여러 세기를 거치면서 원주민의 혈통에 새로

들어온 백인의 피를 마구 뒤섞어 버렸으니 그것은 오늘날 혼혈인구 60%를 상회하고 있는 '메스띠소'의 뼈아픈 탄생 시원이었다.

먼저 아즈텍과 마야 문명을 살펴보고 난 다음 칠레쪽 이스터섬 모아이(Moai)도 찾아 보고, 안데스 등정을 마친 후 페루의 쿠스코와 마추피추를 비롯한 잉카 문화권으로 들어가 아직도 산중에 살고 있을 인디오의 후예들을 만나보고 싶다.

귀로엔 아마존 물길따라 정글 속에서 해가 떠오를 동녘을 향해 힘껏 노를 저어볼 참이다.

원시의 자연과 인간, 그리고 때묻지 않은 사람과 동식물들은 어떤 모양으로 어우러져 있을까? 오직 하나뿐인 지구, 혹여 미욱한 인간이 말없는 대지를 구박하지나 않을까? 게다가 사람과 사람이 얼굴색 따라 혈통 따라 정치합네 업수이 여기지는 않을까?

남의 집 일이면서 그런 것들도 늘 궁금했었다.

가자! 가서 걷자!

두 발, 두 손으로 풀어볼 일이다.

귀로의 발치엔 쌈바와 탱고가 있다고도 했다.

라틴아메리카의 지도

1

멕시코 시티

멕시코 DF

태평양을 가로지른 하늘길이 따로일 턱이 없으련만 오늘은 비행속도가 왜 이리 더딘지 모르겠다.

아마도 중남미행(行)이라는 머나먼 고지(?)를 향한 대장정의 중압감이 항공기에까지 그 무게를 더 싣고 있는가 보다.

아직은 멕시코시티까지 직항노선이 없는 까닭에 L.A에서 잠시 머물러 환승만 할 뿐인데 어� 일인지 미국이라는 나라에 굳이 입국을 한 다음 또다시 출국을 해야 한다며 배낭 검색까지 난리를 피우고 있으니 이래도 일등국인가 싶은 생각까지 든다.

긴-기다림 끝에 '란-칠레 707'에 몸을 실으니 차라리 고향 찾아 떠나는 귀성객인양 마음이 가라 앉는다. 남미의 아름다운 스튜어디스가 따라준 더운 커피와 뜨거운 물수건이 온몸을 시원하게 달래준다.

서울에서 아침 먹고 열일곱시간이 경과했는데 이곳은 아직도 날짜가 바뀌지 않은 제날에 당일 아침 신문이다.

뉴스와 스포츠 기사는 영어 박사가 아니더라도 큰 부담이 없어 읽기 편해서 좋다.

멕시코에서 발행한 주요 일간신문 '에스토(ESTO)'는 이 나라 축구 대표팀의 참담한 귀국 장면을 스포츠 사이트에 크게 올려놓고 공항에서 일어났던 일을 소상하게 전하고 있다. 이는 컨페드컵 3연속 패배를 포함, 해외원정에 나섰던 자국팀이 줄줄이 지고 돌아온 뉴스들이다.

공항에 도착한 대표팀은 '바보들' '멍청이들'을 외치는 열성 축구팬의 야유와 조소 속에 터미널을 간신히 빠져 나갔다고 로이터 통신까지 들먹이며 호들갑이다.

그뿐 아니라 최근 잉글랜드와의 친선 경기에서 조차 0대 4로 연속 무릎을 꿇는데 대해 흥분한 축구팬들이 감독교체와 대표팀 재구성을 요구하며 피켓을 높이 들었다니 이는 FIFA랭킹 9위를 자랑하며 축구를 몹시도 사랑하는 이 나라 국민들에겐 매우 견디기 힘든 소식이었던 모양이다.

그런가 하면 또 다른 페이지에는 '정권교체 첫돌 맞아 사랑도 열매를 맺다' 라는 굵직한 활자가 머릿기사로 올라와 있다.

내용인 즉 훤칠한 키에 호감을 주는 외모, 재력과 권력까지 겸비해 멕시코의 최고 신랑감으로 꼽히던 비센테 폭스 대통령(59)이 마침내 사랑의 새 둥지를 틀었다고 야단법석이다.

71년 만의 정권교체 1주년 기념일을 택해 폭스 대통령은 관저에서 그의 공보수석 비서관이었던 마르타 샤아군(49)과 결혼식을 올렸다는데, 키 193cm의 신랑은 155cm인 신부에게 키스를 하기 위해 고개를 깊이 숙였다고 보도하고 있다.

신부인 샤아군은 재혼 임에도 불구하고 지난해 폭스에 대한 사랑을 공개적으로 고백했으며 금년 4월 폭스 대통령이 한국을 방문하였을 때 주한 멕시코 대사관은 당시 비서관이었던 샤아군에 대하여 대변인 이상으로 예우하므로써 두 사람이 특별한 관계임을 짐작케 했다는 후문이다.

그런데 호사에도 마가 끼는 법이라던가.

주례를 맡았던 판사가 민사 관할권을 위배했기 때문에 대통령의 결혼이 원인무효화 될지도 모른다고 엄살을 떠는 모양인데 이에 멕시코시티 노르베르토 리베라 추기경은 폭스의 재혼 결정은 순전히 개인적인 문제이므로 아무도 간섭할 수 없다고 논평하여 일은 이쯤에서 마무리되지 않나 미뤄 짐작해 본다. 하기야 홀아비였던 대통령이 장가 좀 들었다는데 누가 더 이상 시비를 걸겠는가.

서울에서 보았으면 영락없는 해외토픽감이겠으나 이곳 현지의 생생한 사건들이고 보면 오나가나 뉴스란 그 속성상 세상을 향해 아우성을 치기 마련인가 보다.

서울, 도쿄, L.A를 거쳐 하루종일 날아온 곳, 멕시코 시티.

국토가 넓어 지형이 다양한 만큼 기후 또한 북부는 건조하고 남부는 열대라 고온다습한 가운데 중부는 다소 선선한 고지대를 이루고 있어 견딜 만한 나라 멕시코. 해발 2천2백m라면 한라산보다 조금 높고 백두산보다는 약5백m가 낮은 곳이니 북한땅 개마고원 정도쯤 되는 모양인데 멕시코의 수도 서울은 그런 고원지대에 터를 잡고

잠못이룬 첫날밤— 언제나 첫날은 이런 것일까? 아직은 눈망울이 초롱초롱한 필자의 자화상이 스케치북 첫 페이지를 가득 메우고 있다.

있어 조금 유별난 곳이다.

호칭 또한 미국의 워싱턴 D.C와 마찬가지로 중앙정부 직할구로 되어 있어 멕시코 연방구, 즉 MEXICO D.F (Mexico Destrito Federal)라 부르고 있다.

참으로 멀리 멀리 날아온 중남미 역사기행 첫날밤, 손님맞이 인사가 너무 더웠을까, 후덥지근한 날씨를 상큼하게 씻어주기라도 하듯 시원한 소나기가 한바탕 대지를 적시고 지나간다.

우선 잠부터 한숨 푹 자두는 것이 시차 적응엔 최상책인 법.

배낭 정리 조차 내일로 미루어 놓았으나 뒤척뒤척 잠이 통 오지 않는다.

첫날밤이란 언제나 어디서나 이렇게 설레기 마련일까?

제3 문화 광장

한반도의 9배에 해당하는 약 2백만㎢의 광활한 국토에 1억 명 인구가 스페인어를 공용어로 사용하며 대다수 국민이 가톨릭을 믿는 이 나라는 B.C 2000년 경부터 원시사회를 이루어 B.C 1200년에는 올메카 문화를 시작으로 떼오띠와칸 문명, 똘떼카 왕국, 아즈텍제국 등이 마야문명과 함께 한시대의 흥망성쇠를 거듭한 후 A.D 1521년 외침으로 식민지화되었다가 1810년에 독립하였다.

 16세기 초 스페인의 코르테스에 의해 정복당한 뒤 무차별하게 파괴된 원주민 인디오 문명의 폐허 위에 유럽식 호화 건축물이 들어서게 됨으로써 고대와 근대와 현대의 모든 요소들이 혼재될 수 밖에 없었던 슬픈 과거사의 잔재들이 비록 건축물 뿐이랴 마는, 무너져 내린 아즈텍의 뜰라뗄로꼬 신전터 옆에 산토도밍고 성당이 우뚝하고 그 주변을 외무부 청사와 현대식 아파트가 줄줄이 에워싸고 있어 제3문화(第3文化) 광장이라는 명소(?)까지 등장하고 있음은 이 나라 역사의 흐름에 여러가지를 생각케 한다.

 오늘의 멕시코를 구성하고 있는 3단계 역사가 모두 한 자리에 복합되어 있다 하여 제3문화 광장이라 부르고 있다는데 그 곳엔 멕시코인의 정체성을 대변이라도 하듯 다음과 같은 문구가 비문에 새겨져 있어 나그네의 발걸음을 멈추게 하고 있다.

 '1521년 8월 13일 꽈우떼묵(Cuauhtemoc)은 용감하게 방어하였으나 뜰라뗄로꼬는 에르난 코르테스에게 함락되었다. 하지만 그 사건은 승리도 패배도 아니다. 그 것은 오늘날 멕시코인 메스띠소 국가의 고통스러운 탄생이었다.'

 메스띠소(Mestizo)란 스페인계 남자를 아버지로 하여 아즈텍계 어머니에게서 태어난 신세대를 말함이며 오늘날 이 나라 국민의 60%이상 대다수가 이에 속하고 있으므로 '메스띠소 국가의 고통스러운 탄생'이라고 표현한 마지막 글귀가 처연하리 만큼 인상적이다.

아직도 발굴되지 않은 사적들이 지하에서 무수히 잠자고 있다면 도시 전체가 미발굴의 대유적지 임에 틀림 없는 모양인데 지금 그 곳을 감히 어슬렁 거리고 있다.

얘기 거리가 너무 많아 자꾸 헷갈릴 것 같아 우선 나라 이름부터 따져놓고 발걸음을 옮겨보기로 했다.

오늘날 멕시코라는 국명은 메시카(Mexica)족의 기원 신화에서 유래하고 있다는데 그에 관련된 역사적 배경은 현재 사용중인 국기와 동전 문양 등 여러 곳에 잘 나타나 있다.

어느 나라든 마찬가지겠지만 고대로부터 내려오는 한 나라의 문화는 단순한 역사 이야기 이전에 그들 나름 대로의 정신적 세계를 이끌고 있는 빼놓을 수 없는 주제가 꼭 들어있기 마련이다.

전설에 의하면 이들의 조상이 행복을 약속해줄 새땅을 찾아 이곳 저곳 돌아다니던 중 어느날 수호신이 계시하기를 한 마리의 공중새를 가르키며 '날아가는 저 독수리가 뱀을 입에 물고 선인장 위에 내려앉거든 그 곳에 새로운 터전을 닦으라' 하였고 그들은 그렇게 따랐으며 전설의 독수리가 뱀을 물고 선인장 위에 앉은 곳이 바로 지금의 멕시코시티 중앙 광장인 소깔로(Zocalo)라는데 그 전후의 사정은 또 어떠한지 천천히 둘러보고 세세히 살펴볼 일이다.

해발 2천m가 넘는 고원 탓일까? 가슴이 답답하고 숨쉬기가 조금씩 버거워 온다.

설마 이 정도에서 고소증이야 올리 만무하겠지만 그래도

여행중에는 별탈 없음이 최선이며 매사 유비무환이라 하였으니 우선 틈나는 대로 물부터 충분히 마셔둘 일이다. 크게 숨쉬고 물 한모금 또 마시고…… 이제 겨우 여행 초반길인데 지나치게 서둘 일은 아닐 성싶다.

메스띠소의 고통스러운 탄생을 적고 있는 대리석 판본. 제3문화광장 중앙에 우뚝한 산토도밍고성당 앞마당에 세워져있다.

역사와 나라의중심 소깔로

전설이든 사실이든 소깔로 광장은 오늘날 멕시코 시티의 상징이요 도시 중심을 이루고 있는 센터임에 틀림 없다.

사방이 각각 240m나 되는 넓은 공간이 유럽의 전형적인 도심 광장인 그랑 플라스를 닮고 있다.

광장을 옹위하고 있는 연방국 청사, 국립궁전, 최고 재판소와 함께 메트로 폴리탄 대성당의 웅장하고도 섬세한 건축양식과 조각품들이 이방의 나그네를 계속 놀라게 한다.

스페인풍의 오래 묵은 거리는 마치 유럽의 번화한 어느 도시 한복판을 거닐고 있는게 아닌가 할 만큼 착각을 불러온다.

19세기 중반 스페인 통치 하의 이 나라가 미국과의 한판 전쟁으로 텍사스와 아리조나를 비롯한 11개 주를 빼앗기지만 않았더라도 지금쯤 두 나라의 위상이 뒤바뀌었을지도 모를 대국이 바로 멕시코였다는 사실을 이곳에 와서 새삼 느껴본다.

국토와 인구로 보아 결코 작은 나라가 아니며 고대와 중세의 문화유산이 아직도 발굴되기를 기다리고 있는 곳이 2천여 군데라면 세계적인 문화 대국이라 해도 손색이 없지 않은가.

그런데 거리를 지나며 만난 이들의 첫인상은 찬란했던 과거의 번영과 관련된 자부심 보다는 보통 사람들의 얼굴에서 친절과 낙천성이 묻어나긴 하면서도 전체적인 그들의 표정은 조금 고단해 보였다고나 할까.

세계의 이곳 저곳에서 흔히 보았던 것처럼 이 나라 또한 미국적 자본주의의 질척이는 늪 속으로 깊숙하게 발을 빠뜨리고 있구나 하는 느낌이 강하게 풍긴다. 양장과 양복 차림에 젊은이들의 청바지와 코카콜라 그리고 거리를 가득 메우고 있는 현대자동차, GM, 도요타, 푸조 등 다국적 상표들이 마구 넘쳐난다.

그들 틈에 끼어 광장 벤치에 앉아 본다.

옆자리의 젊은이들이 끌어안고 입을 맞춘다. 머쓱하여 쑥스러운건 괜히 쳐다본 나 자신 뿐……

만약 이들이 오늘날 좀 더 부강한 멕시칸이 되었더라면 저들이 가질 수 있는 자부심이 어디 하나 둘 일까.

우선 고대로부터 15세기에 이르기까지 이들의 조상이 이룩한 문명은 이 지구 상에 출현한 그 어떤 문명보다도 스케

일이 크고 독특했다는 사실이 얼마나 고무적인가 말이다.

스페인 점령자들이 땅 속으로 영원히 파묻어 버렸다는 아즈텍의 수도이자 수중도시였던 테노치틀란이 어느 정도 아름다웠던 가는 다음의 이야기를 통해 미뤄 짐작하고도 남음이다.

'호수 한가운데 떠있는 수도 테노치틀란은 그야말로 환상의 도시였다. 체스판처럼 사방팔방으로 곧게 뚫린 넓은 도로와 운하망을 따라 즐비한 6만 채가 넘는 벽돌집들, 석조의 높은 탑과 건물들이 모두 물 속에서 이제 막 솟아 오르고 있는 듯 싱싱하다. 이게 다 꿈이 아닐런가' 하고 감탄한 것은 그 당시 어느 신부님이 회고한 기록의 한 귀절이다.

그런가 하면 점령군을 총지휘했던 코르테스 장군은 고향으로 보낸 편지에서 도시에 대한 놀라움을 이렇게 남기고 있다.

'테노치틀란 시가는 너무나 웅장하고 아름다워 도저히 말로 다 표현할 수 없을 정도이며 고국 스페인 보다도 크고 강건한 방어시설을 갖춘데다 건축물과 주민의 인구도 우리의 고향 그라나다 보다 많다'고 적어 보냈다는데 그 놀라움이 점령군 총수인 군인의 입장에서 보아도 어지간히 감탄할 만 했던 모양이다.

그런 환상의 도시 테노치틀란이 이곳 소깔로 광장 지하에서 아직 덜잔 잠에 푹 빠져있을지도 모른다고 생각하니 광장을 덮고 있는 돌멩이 하나하나가 기지개라도 켜며 부스럭부스럭 일어날 것만 같다.

아까부터 잔뜩 찌푸린 날씨가 우중충하다.

날마다 우산을 챙겨야겠다.

인류학 박물관

멕시코가 세계에 자랑하고 있는 인류학 박물관은 생각보다 훨씬 크고 장엄했다. 입장하자 정원 한복판에 우뚝한 모습으로 서있는 비의 신 트롤라크의 거대 석상이 어서오라 맞아준다.

원기둥에 조각된 태양의 신과 재규어 등은 팔렌케의 '생명의 나무'를 본떴으며 석주와 지붕 사이에서는 쉼없이 물이 흘러 넘치고 있어 방문자를 시원함과 상쾌함으로 어루고 있다.

12만㎡의 부지 위에 4만4천㎡나 되는 전시실은 크게 1, 2층으로 나뉘어 유적지 현장에서 볼 수 없는 것까지 세심한 배려로 전시하고 있어 얼마나 고마웠는지 모른다.

　제1실 인류학 입문(Introduction)에는 언어학, 고고학, 민족학, 형질 인류학 등 지구촌 전체에 대한 인류와 그 문화의 분포 및 교류에 대해 알뜰히도 설명하고 있다.

　멕시코의 학자와 예술가를 총동원하였다는 인류학 전시실은 전문가가 아닌 처지라도 쉽게 이해할 수 있도록 유물에 대한도표, 그림, 사진, 모형들을 많이 사용하여 시각적으로도 이해를 돕고 있음은 박물관이 결코 고리타분하고 어렵거나 난해한 곳이 아님을 말해주고 있어 반가웠다.

　뭐니뭐니 해도 멕시카나의 제7실에 들어온 방문자들은 국적을 가릴 것 없이 모두가 가던 발걸음을 멈추고 '태양의 돌' 앞에 머물고 만다. 거대한 원형 석판 아즈텍 캘린더의 오리지널이 거기에 있기 때문이다. 지름 3m 60cm의 원반에는 한가운데 태양의 신 토나티우와 그를 둘러싼 신상으로 물, 불, 바람, 재규어가 조각되어 있다.

　그것은 동양 사상의 5행 중 금(金), 목(木), 수(水), 화(火), 토(土)와 일맥상통 엇비슷하고 뱀, 원숭이, 양, 토끼, 개 등을 달의 이름에 새겨놓은 모습은 12간지인, 자, 축, 인, 묘, 진, 사, 오, 미, 신, 유, 술, 해와 무엇이 다르랴 싶기도 하다.

　우리와 아메리칸 원주민들이 같은 뿌리였을거라고는 익히 들어온 터이지만 생김새 뿐 아니라 생각까지도 서로 닮고 있었던 모양이다.

　그 외에도 갖가지 알 수 없는 문양들이 티베트의 만다라와 비슷한 형태로 여러겹 새겨져 있다.

그 중 4개의 사각형 조각은 우주 세계가 지금까지 흥망성쇠로 지나간 4번의 시대를 나타내고 있으며 각 시대마다 새로운 태양이 생겨나고 또 소멸한 다음, 지금은 한가운데에 있는 다섯번째 태양 '토나티우'의 시대를 맞아 우리가 살고 있다는 설명이다.

아즈텍의 옛 달력은 20일을 한달로 셈하여 1년을 18개월로 나누고 거기에 '하늘의 5일'을 더하니 1년이 365일로 딱 맞아 떨어지고 있다. 또 이것과 병행하여 260일을 한 사이클로 하는 점성술을 위한 달력도 그 안에 새겨 놓으므로써 그들은 이 캘린더를 기초로 정확한 농경력에 따라 노동하고 쉬었으며 절기마다 피의 산 제물을 바치는 제사를 하늘에 올렸다고 한다.

태양의 돌은 거기서 그치지 않고 과거, 현재, 그리고 영원에 이르는 신비적 우주관까지 내포하고 있다는데 더 이상의 설명엔 이해가 쉽지않아 갑갑하기만 하다.

아즈텍 문명

태양의 돌―
자가의 시대로 부터, 바람의 시대, 비의 시대, 물의 시대 등 모두가 이 돌 속에 그 뜻이 함축되어 있다는데….

의 상징적 기념비였던 태양의 돌은 제국의 붕괴와 함께 소깔로광장에 버려져 있었으나 원주민 인디오들이 서로 다투어 그곳에 경배하는 모습을 보고 정복자들이 땅 속에 묻어버림으로써 오랫동안 침묵의 세월이 흘렀으나 1968년에 다시 발굴, 멕시코 올림픽의 심벌 마크로 재탄생하면서 전세계인에게 알려진 사연 많은 돌이다.

저들의 말 대로 태양의 돌이 암시하고 있는 다섯번째 우주의 세계에서 살고 있는 '21세기 인류'는 과연 앞으로 어떤 운명을 맞이하게 될 것인가

설명 들어보랴, 메모도 하랴 바지런을 떨어 보았지만 결국 아는 만큼 밖엔 보이지 않고 있음이다.

무리해서까지 의문을 갖지는 말자고 눈살에 힘까지 주어 보았지만 자꾸 부풀려지는 의구심에 궁금증 투성이 임을 억지로 감출 수는 없는 일.

그래서 박물관을 그 나라의 정신적 자산을 온전히 간직하고 있는 문화적 긍지의 집합체라 하지 않았던가?

차라리 아침부터 온 종일을 이 곳에 할애했더라면 이토록 아쉽지는 않았을 것을…….

폐관 시간 15분 전이라는 안내방송의 서두름에 내몰리듯 쫓기고 있는 심정이 야속하기 그지 없다.

발걸음이 박물관 바닥에 자꾸만 들어 붙는다.

국내에서도 '과달루페 선교회'를 비롯 제법 활발하게 움직이고 있는 그 이름 과달루페를 처음 대한건 13년 전 마포 양화진의 절두산 성지에서였다. 우리나라에 천주교 박해가 극심했을 때 배교를 강요하며 신자들의 목을 자르던 곳 절두산! 언젠가 한국을 방문했던 교황 요한 바오로 2세의 축성을 받아 지금은 '가톨릭 성지'로 세상에 다시 태어난 그 곳에서의 귀한 만남 이후 늘 과달루페가 궁금하던차 오늘은 첫 발걸음을 그 곳으로 먼저 향했다.

간밤엔 '남미와 가톨릭'에 대한 자료 정리로 잠까지 설쳐 버린 새날 새아침이다. 딴에는 성지 순례를 나서는 심정이었으므로 옷까지 정갈하게 갈아 입었다.

과달루페의 기적은 멀리 16세기로 거슬러 올라간다.

스페인이 아즈텍 제국을 정복한지 10년이 지난 1531년 12월 9일 테페야크 언덕을 지나가던 인디오 청년 '후안 디에고' 앞에 성모 마리아가 나타나 "나는 하느님의 아들인 예수의 어머니 성모(聖母)다. 사제에게 일러 이 땅에 성당을 짓도록 전하라" 말하고 사라졌다.

디에고는 즉시 사제에게 달려가 그 말을 전했지만 믿지 않았다. 낙심한 디에고가 돌아와 다시 테페야크 언덕을 지나려 하자 성모 마리아가 또다시 나타나 이번에는 디에고에게 색상도 선명한 장미꽃을 주며 한번 더 계시했다.

디에고는 그의 망또에 장미꽃을 싸안고 다시 사제에게로 달려가 신부님들이 보는 앞에서 장미꽃을 싼 망또를 펼쳐보

였다. 그러자 금, 은빛
과 함께 망또 위에 성
모상이 떠올랐다.

깜짝 놀란 사제는
무릎을 꿇었고 이 새로운 땅에도 수호 성모가 나타 나셨다
고 기뻐한 나머지 서둘러 테페야크 언덕에 성모 마리아를
모시는 사원을 건립하게 되었으니 이것이 과달루페의 기적
으로 지어졌다는 바실리카 성당의 기원이다.

신부님들은 그때, 기적을 보여준 성모님을 '과달루페'라
부르고 있지만 원주민 인디오들은 '토난틴'이라며 그냥 자
기들의 말로 친숙하게 부르고 있다. 토난틴은 아즈텍 신앙
속에 나오는 여신(女神)의 이름으로 '신의 어머니'다.

공교롭게도 성모 마리아가 나타났던 테페야크 언덕은 그
옛날에 토난틴의 신전이 있었다는데 그렇다면 인디오들은
토착종교의 여신과 천주교의 성모님을 겹쳐서 하나로 생각
하고 있다는 이야기일까?

생각해 보면 '신의 어머니'나 '삼위일체이신 아들의 어머
니'나 크게 다를 수는 없음일 것같다.

사실의 진위야 어찌됐든 토착종교와 가톨릭의 융합이라는
점에서 높이 살 만한 실화임에 틀림이 없고 그것을 더 많이
웅변하기 위하여 성당 광장 한켠에선 마치 모노 드라마를
공연하듯 매시간 마다 종탑에서 종이 울리면 과달루페의 기
적을 인형극으로 재현해주고 있다.

앞에서 언급한 후안 디에고의 망또는 1531년 이후 지금까지 470년의 세월이 흘렀건만 아직도 원형 그대로 생생하다는데 이는 에니깽(용설란)의 섬유로 짠 덕분이라고 한다.

그런데 그 천에 나타나 있는 성모상의 염료가 식물성도 동물성도 광물성도 아닌 이 지구상엔 존재하지 않는 성분이라니 참으로 신기한 일이 기적처럼 벌어지기는 벌어졌던가 보다.

1533년에 지어진 구 성당은 마치 피사의 사탑처럼 비스듬이 기울어진채, 1976년에 현대식으로 신축한 바실리카와 나란히 공존하고 있다.

후안 디에고는 1990년 이곳에서 교황 바오로 2세에 의해 성인으로 추증되었고 그로부터 2년 뒤 로마의 성 베드로 대성당에서도 과달루페 성모를 기리는 미사가 봉헌되었다.

성모님의 발현이 로마교황청의 승인을 받기까지는 그만큼 지루한 시간과의 전쟁이 필요했었던가 보다.

오늘도 많은 순례자들이 광장에서부터 성당에 이르기까지 온몸을 던져 무릎으로 기어 들어가고 있는 고행을 자청하고 있었는데 티베트 사원에서 만났던 오체투지의 모습과 행동하는 몸짓이 너무도 많이 닮고 있는게 놀랍기만 하다. 아무리 지구가 둥글다고는 하나 이 곳과 그 곳은 동과 서로 얼마나 멀리 떨어져 있는 이방의 세계인가 말이다.

어찌됐건 하늘 나라에 이르고자 했던 신심의 기본만은 사람의 마음 한가운데에 동,서가 따로 있지 않았던 모양이다.

성지 순례는 그런 점에서도 묘미가 더해지는 깊은 맛이 있어 참으로 좋다.

매년 12월 12일 성모의 날 대축일이 되면 과달루페와 토난틴이 하나 되어 그 기적을 재현해 보이고 있다는데 이 넓은 광장이 어떤 모습으로 변하여 차고 넘칠지 눈에 보일 듯 가히 짐작이 가고도 남는다.

그 때를 꼭 한번 더 몸과 마음으로 체험해 보고 싶다.

고원지대에 분지형태로 자리잡은 멕시코시티가 매연문제로 골치를 앓고 있음은 당연지사일 것같다. 왜냐하면 대충 굴러 다니며 매연을 있는 대로 다 뿜어대는 중고차들이 너무나 많다.

그런 어수선 함을 빠져나와 교외로 달리기 시작, 작은 언덕을 넘으니 공기는 제법 맑아졌으나 벌거벗은 산등성이에 계단식 주택들이 층층으로 빼곡빼곡 산 하나를 덮고 있다. 한 눈에 달동네임이 여실하다.

멕시코시티 인구가 기존의 1천만명에 이렇게 교외에 터를 잡고 시내에서 생업을 영위하는 소위 수도권 위성도시 사람

1천만명을 더하여 2천만명이 움직이는 세계 제일의 거대 도시라는데 그 현장을 보는 느낌이 중국의 상하이와 난형난제일 것 같다.

서울 근교의 올망졸망한 달동네에 비하여 훨씬 더 엄청난 규모가 이색적인 가운데 어느 곳은 제법 넓은 대지를 혼자 독차지하며 야외 풀장까지 만들어 놓고 있으니 너무나 표시나도록 심한 대조가 머리를 심란하게 한다.

어느 나라 어느 사회든 빈부격차야 있기 마련이지만 이렇게 유별나리만큼 '빈익빈 부익부'가 차이를 나타내고 있으면 결코 선진국이라고는 할 수 없지 않은가. 그래도 이들은 자기팔자를 운명적 요소로 받아들이며 되도록 편한 마음으로 살아가고 있다는데야 더 이상 할말은 없다.

국립대학까지 학비는 거의 무료(1년 부담금이 3만원 정도)이고 국립병원에 가면 의료 또한 무상이며 4인 가족이 하루 주식비로 우리돈 1천5백원 정도면 일단 끼니를 해결할 수 있다니 다행한 일이기는 하다.

대부분 주로 주5일제 근무를 택하고 있어 금요일과 토요일 밤은 작은 명분이라도 챙겨 이웃끼리 가족끼리 조촐하게나마 판(?)을 벌여놓고 마시고 노래하고 춤추는 것을 좋아할 만큼 국민성 자체는 본시 낙천적이라고 한다.

돈이 필요는 한 것이지만 아둥바둥 돈에 불심지를 돋우며 살지는 않는다고 하니 불행중 다행이라고나 할까.

점심 먹으며 노변 식당에서 얻어챙긴 신문을 뒤적이던 중

KOREA라는 활자가 두 눈을 번쩍 뜨이게 만든 다. 너무 큼직하여 읽어 보았더니 멕시코 언론들이 우리나라 이야기를 논평하면서 이렇게 언급하고 있는게 아닌가.

'오늘날 한국 경제는 화약상자 속에 든 것이나 다름 없으 며 우리는 한국으로부터 보고 배울 것이 아무것도 없다'고 말이다.

멕시코 유력일간지 '엑셀시오르'紙는 또 '멕시코가 한국 에 위기수습 방안을 조언해 주어야 할 것같다'는 제하의 칼 럼에서 '한때는 후진국에 경제발전 모델까지 제시하며 아시 아의 용을 자처했던 한국의 경제발전 정책은 물거품이 될지 도 모른다'며 '우리정부(멕시코)는 한국의 경제 정책이나 발전 모델을 답습하지 말아야 한다'고 경고까지 하고 있어 영 입맛이 씁쓸한 멕시코 뉴스다.

하지만 현실적으로 이들이 그렇게 보고 있음엔 좌우간 이 유가 있을 터인 즉, 멕시코 신문지상의 논조에 비분강개할 일이 아니라 좀 더 겸허한 자세로 받아들어야 하지 않을까 조용히 자성해 볼 일이다.

돌이켜 생각해 보면 우리나라가 IMF를 겪고 있을 때 가끔 씩 들먹여지곤 했던 분야 중 하나가 무분별한 해외여행 운 운이었다. 다시 생각해 보거니와 여행은 교육문화의 연장이 요, 관광은 서비스 산업의 일환인 것처럼 여행과 관광은 그

근본과 지향하는 바의 목적이 엄연히 다른 데도 두 단어가 맥없이 혼용되면 당사자나 여론이나 혼란스럽기 마련인데 그런 일은 다리품 팔아 공부하고 있는 순수 배낭 여행자들을 슬프게 한다.

꼭, 떫은 감이라도 한입 베어 문 기분이다.

어디를 가나 매스컴의 위력은 대단한 파워다.

떼오띠와칸

그렇게 달동네도 지나고 호화저택도 지나고 학교 교실과 비슷하게 생긴 영세민 임시 수용소 같은 곳을 지나니 황량한 민둥산이 띄엄띄엄한 준 사막지대로 들어선다.

멕시코시티에서 동북쪽으로 약 1백리길. 떼오띠와칸 입구는 여기저기 세계의 여행자들이 속속 모여들고 끼리끼리 그룹을 지어 입장하기에 바쁘다.

버스 정류장 주위로 우리키 보다 훨씬 큰 선인장과 용설란이 자라고 있어 이제야 겨우 멕시코의 자연풍이 조금씩 묻어 나는 것 같다.

카우보이 모자보다 차양이 넓고 꼭지가 뾰족한 멕시칸 특유의 밀짚 모자가 주렁주렁한 토산품점을 지나니 하늘을 향한 피라미드가 그 웅자를 드러낸다.

아직 한참을 더 걸어가야 하는데 아즈텍과의 첫만남에 벌써부터 가슴은 쿵쿵, 땀방울은 졸졸이다.

이 곳을 중심으로 발달했던 아즈텍 최대의 떼오띠와칸은 A.D 350~650년 사이 번영의 절정기를 구가 했었다.

그들은 이곳을 계획된 도시로 만들기 위하여 바둑판처럼 길을 내고 궁궐과 피라미드 등 2만여 동의 건축물을 짓고 살았다. 마치 비행장 활주로처럼 곧게 길을 만들어 놓고 '사자(死者)의 길'이라 부르고 있는 메인 스트리트는 자그마치 폭 45m에 길이가 4km에 이르고 있다.

남북으로 곧게 뻗은 죽은자의 길을 걷고 있으니 양편으로 늘어선 크고 작은 피라미드가 머나먼 동방에서 어렵사리 찾아온 나그네를 쌍수들어 환영해 주는 것같아 더위도 피곤도 다 잊게해 준다.

참으로 장엄한 대행진이다.

중세기의 스펙타클한 영화 속 주인공이 된 것 처럼 자꾸만 거들먹 거리고 싶은 충동이 일어나는게 꼭 어린아이 같은 심사다.

태양의 피라미드((Piramide del Sol)는 한쪽면의 길이가 225m에 높이가 65m나 되는 거대함으로 라틴 아메리카 최대의 석조물이며 세계에서도 크기로 보면 3번째다.

지금까지 밝혀진 바로 이는 무덤으로 축조된 것이 아니라 시제나 기우제 혹은 종교의식을 집전했던 신전이었을 것이라고 하는데, 이 곳엔 일년에 두 번 태양이 피라미드 머리 위로 지나는 날이 있어 그 날이 되면 마치 후광이 비치듯 빛을 낸다고 한다. 옛 사람들이 그런 것까지를 모두 계산하여 피라미드를 쌓았단 말인가?

게다가 이곳 태양의 피라미드와 이집트의 피라미드가 역사적으로 보아 약 5백년쯤 시차가 있는데도 어떻게 이처럼 모양새와 크기가 많이도 닮을 수 있을까.

대륙간 두 나라의 문명이 교류라도 했단 말인가.

생각할 수록 참으로 괴이한 일이다.

해의 피라미드 뒷편에서는 여러 지방의 다양한 특색과 전통을 그대로 간직한 도자기와 생활 용구들이 많이 발굴되었던 점으로 미루어 그 곳은 각지에서 올라온 사람들이 집단을 이루며 살았거나 아니면 그들의 영향을 받아 물건들을 대량으로 만들었던 곳으로 추정하고 있다.

사자의 길 끄트머리에 솟아 있는 달의 피라미드(Piramide de la Luma)는 밑변 150m x 120m에 높이 46m로 태양의 피라미드 보다는 약간 작은 규모이나 애당초 높게 솟아오른 지반 위에 세웠기 때문에 양쪽 피라미드의 정상 높이는 같다고 한다.

달의 피라미드 앞에 달의 광장을 마련해 놓고 있음은 떼오띠와칸 전체를 한눈으로 제압하고 있는 듯하여 커다란 종교 의례는 이곳에서 집전되었던 것으로 보인다.

전성기에는 이 곳에 적어도 20만명 정도가 공동생활을 했을 것으로 추정된다

달의 피라미드
정상에서 내려다본
사자의 길. 왼쪽으로
태양의 피라미드가
아스라하다.

니 아무리 곰곰 생각해봐도 대단한 일이 아닐 수 없다.

규모나 남겨진 유적으로 보아 어느 족(族)에 결코 뒤지지 않는 높은 문화수준을 갖고 있었음이 이토록 확실한데 단 한장의 사료도 남겨놓지 않고 어느날 갑자기 사라져 버린 그들은 과연 누구일까?

왜 그렇게 종말을 고하지 않으면 아니 되었을까.

미스테리의 역사는 언제쯤 시원스레 그 뚜껑이 열릴까?

고개만 갸우뚱 거리며 이리저리 발걸음을 옮기고 있는 나 그네의 심사엔 아랑곳 없이 끝간 데 없는 비산비야(非山非野)에 바람 만이 허허로울 뿐이다.

시내로 되돌아 오는 길은 무덥고 긴 장장하일의 오후.

머리가 지끈거린다. 창 밖으로 시선을 내던져 보지만 소용이 없다. 그렇다. 20여 시간을 날아온 대장정에 밤낮이 완전히 뒤집어 진데다 더위까지 기승을 부리고 있는 고원에서 쉼없이 연일 강행군을 하고 있으니 머리가 아플 때도 되긴 됐을 법하다.

하지만 이런 정도야 백팩커에겐 어차피 겪어내야 할 초반의 통과의례가 아니던가. 어찌됐건 상황이 이럴 때는 잠시 분위기를 바꿔보는 것이 제일 상책이다.

그리고 피로를 푸는 방법 또한 소극적인 쉼 보다는 적극

붉은 악마의 탄생 야람

적인 움직임이 훨씬 더 효과적이었던게 그간의 경험에서 터득한 노하우다.

가자! 저녁시간까지 얼마 남지않은 틈새지만 운동장으로 가서 머리를 좀 식혀볼 일이다. 사정상 뛸 수 없다면 슬슬 걸어 구경이라도 해 보는거다.

서울에는 마포구 상암동에 월드컵 경기장이 있듯 여기에도 그런 곳이 있잖은가.

아니 이곳 멕시코 아즈테카 스타디움은 FIFA 월드컵 경기를 자그마치 두 번이나 치룬 보기드문 역사적 기록까지 갖고 있다.

1970년 제9회 대회와 1986년의 제 13회 대회가 그것이다.

본시 제 13회 월드컵은 콜롬비아에서 준비하고 있었으나 자국내 경제사정의 악화를 이유로 개최권을 포기, 그 차선책으로 브라질, 미국, 멕시코 등이 개최 의사를 밝혔으나 결국은 월드컵과 올림픽경기를 무리없이 소화해낸 멕시코로 최종 결정 제 13회 대회를 치뤘던 것이다.

그런데 호사다마라고 했던가? 그렇게 어려운 결정이 확정된 후 1985년 9월, 이 곳에서 대지진이 발생, 엄청난 재앙이 몰아 닥쳤으나 오히려 멕시칸들은 그 고비를 잘 넘기고 후유증을 이겨내는 저력을 발휘, 국민 대통합의 밑거름으로 삼았다는 후일담은 듣는 이에게 희망과 용기를 주어 신선하다.

우왕좌왕 하지 않고 조용히 구경만 하겠다며 가까스로 승락을 얻어 들어가 본 스타디움은 오래된 낡은 티를 애써 벗

MEXICO86

으려는 듯 말끔하게 잘 정돈되어 있었다. 저 아래 네모진 4
각의 운동장엔 우리의 태극 전사들이 떨군 땀방울도 이만저
만이 아니었을터, 그 첫번째 무대는 1983년 세계 청소년 축
구대회에서 4강의 신화를 이룩한 박종환 감독팀의 열광이었
다.

　그 경기에서 맞붙었던 홈팀 멕시코는 우리에게 1대2로 패
하며 예선에서 탈락했고 그때 이 나라 언론이 빨간 유니폼
의 한국축구 청소년들에게 붙여준 애칭이 바로 '붉은악마'
였었다.

　그 별명이 오늘날 한국 축구 응원단의 공식 명칭으로까지
비약할 줄이야 누가 알았겠는가. 그리고 3년 뒤 1986년의 제
13회 월드컵 대회 땐 스위스 원정 이후 32년 만에 처음 진출
한 우리나라가 본선 무대에서 첫골과 첫승점을 족적으로 남
기며 지금까지 5회 연속 본선 진출이라는 서곡의 닻을 올린
기념비적인 시발점이 되었었다.

그라운드 어디선가 우리 선수들이 뛰어나올 것만 같고 스탠드 어디선가엔 태극 물결이 차고 넘칠 것 같은 환상이 지끈거리는 머리를 휘이 휘이 날려보내 준다.

'총알 탄 사나이들'이라는 드림팀을 만들고자 독일의 차붐에서 네덜란드 특급까지 불러들였던 그때, 지금은 모두가 지도자의 길을 걷고 있거나 최소한 소속팀의 감독자리를 맡아 활약하고 있는 차범근, 허정무, 박창선, 최순호, 조광래, 이태호, 정용환, 조영중, 변병주 등 기억에도 새로운 면면들이 주마등처럼 스친다.

그 대회의 우승은 결승전에서 서독을 3대 2로 물리친 아르헨티나였고 그때 혜성처럼 그라운드를 비집고 다녔던 축구 스타 마라도나는 25세의 젊음이었다.

그들이 뛰고 달리며 지구촌 사람들을 열광케 했던 한마당 멕시코 아즈테카 스타디움에서 서녘에 꼬리를 내리고 있는 붉은 태양을 바라본다.

이 밤이 새고 새날이 밝으면 태평양 저 넘어에서 새롭게 먼동이 틀 동방의 '조용한 아침의 나라 대한민국'.

'2002 Worldcup Korea'의 함성이 태평양을 건너 여기까지 울려 퍼지겠지.

그땐 이제까지 못다 이룬 우리들의 꿈이 훨훨 날아 소원 성취 되었으면…….

언제 어디서나 첫날밤은 낯설음에 대한 설레임의 덩어리였
듯이 마지막 밤 또한 아쉬움으로 설레는 것은 인지상정일
까? 그런 날이면 무릇 어떤 의미를 찾아보기 위해 괜히 바
빴던게 그간의 여정이었다.

"그렇다면 이밤엔 무엇이 제격일까?"

가타부타 생각 끝에 멕시코 시티를 벗어나면서 큰 결심
하나를 했다. 국립예술 궁전에서 공연중인 민속 무용극을 보
자는데 어렵사리 도달한 것이다.

결론부터 말하자면 입장료가 제법 큰 돈이었지만 아깝지
않았을 만큼 훌륭한 공연이었다. 각 지방의 특이한 역사와
풍속을 민속춤으로 표현해낸 뮤지컬 비슷한 것이었는데 매
장면마다 가지가지로 바뀌는 원색적 의상이며 귀가 따가우
리 만큼 활기에 넘친 음악은 고즈넉한 것에 익숙한 한국인
의 정서를 주눅들게 만들고 말았다.

낙천성, 진취성에 호전성까지 겹쳐 있었다고나 할까? 한
(恨)이라든가 은유적 신비감 혹은 내세관이 우리나라 국악
극의 특색이었다면 멕시코 뮤지컬은 환희와 속도감에 현세
주의를 반영코자 애쓰고 있음이 손에 잡힐 듯 하다.

중국이나 인도처럼 유서깊고 땅덩이가 큰 이 나라에 와서
며칠간 보고 들은 것으로 무엇을 알았다고 할 수 있으랴만,
그러나 역사기행에 있어 적어도 자기가 알고 있는 만큼은
볼 수가 있으므로 더 많이 공부 못해 온 것이 조금 아쉬울
뿐이다.

이곳도 예외없이 고대 도시국가 간에는 허구한 날 전쟁이 그칠새가 없었으므로 매우 호전적이긴 하였으나 그런 와중에도 음악, 조각, 회화, 미술등 예술 방면에 빼어난 유산을 갖고 있었다는 것은 얼마나 매혹적인 모습인가.

라틴 아메리카 여행이 처음인 나로써는 그동안 멕시코시티에서 접해본 원색적인 색감 또한 참으로 놀라운 일 중 하나였다.

곳곳의 건축물과 미술의 자유분방하고 강렬한 색조는 도대체 어디서 유래한 것일까. 심지어 시청, 주청사, 박물관, 대학 등에서 본 엄청난 크기의 벽화나 천정화는 또 무엇이란 말인가.

대부분 이 나라의 역사를 주제로 삼고있던 그 그림을 이들은 무랄(Mural)이라고 한다는데 한 시대를 풍미했던 무랄운동은 멕시코 혁명(1910~1920)이 끝난 바로 직후에 시작하여 무랄 빅쓰리 3명 중 막내인 시께이로스가 죽은 1974년에 실질적으로 막을 내렸다고 한다.

당시 많은 예술가들의 삶이 독재자에 대한 무언의 항거로 일관하였으며 만약 군부가 혁명 공약을 제대로 실천한다면 미술가들도 나라를

국립예술극장에서 만난 멕시코 전통 민속무용극의 현란한 율동.

돕겠다고 약속하면서 정부가 이를 받아들이자 공공건물에 역사, 사회, 정치, 경제, 스포츠 등을 주제로 하여 무랄을 그리기 시작했다고 한다.

초창기 이들은 무랄에 대한 기술적 노하우가 전혀 없는 상태에서 출발했지만 곧 그들 자신의 조상이 남긴 원주민 문화 속에서 채색의 기법을 터득할 수 있는 지혜를 발견하였다니 놀라운 일이 아닐 수 없다.

멕시코 국립 우남 대학교 도서관의 어마어마한 건물 외벽 전체를 장식하고 있는 무랄벽화

한때는 이러한 무랄운동에 대하여 비판적이었고 작품에 대한 훼손도 만만치 않았으나 지금은 정부 차원에서 그러한 천재적인 화가들에 의해 남겨진 한 시대의 무랄작품이 지닌 우수성을 인정하고 그것들을 국가 기념물 보호법으로 보존 관리하는 부서까지 두고 있다 한다.

이는 자국인들 뿐만 아니라 이 나라를 찾는 많은 세계의 사람들에게 계속적인 영감과 기쁨을 줄 것으로 기대되는 바 크다.

예술이나 그림 혹은 음악에 전문가가 아닌 나의 경우에도 돈이 아깝지 않고 시간이 헛되지 않았다고 자부한다면 정통파 음악인이나 화가들이 와서 보고 들으면 얼마나 더 감격적이며 배움이 클까.

　　이렇게 느낄 수 있는 감동이야 말로 더큰 기쁨으로 승화
되기에 안성맞춤 일텐데, 혼자만 보고 들었음이 못내 섭헸다
면 사치한 투정일까.

페소화로 통용되고
있는 멕시코의
지폐와 동전.

2

유까탄 반도

한민족의 한이 서린 에니깽
마야의 꽃이 피고 진 욱스말
계속 빠져드는 불가사의
아! 그곳에도 사람이
피라미드 91계단
대지를 호령한 쿠쿨칸 신전
신께 바친 신성한 인신 공양
소년들과 동심에 빠진 툴룸

한둥번개 소리인지 밤의 치안을 위한 총성이었는지 그런저런 소리들끼리 뒤범벅이었던 간밤의 빗줄기는 단잠마저 쫓을 지경이었다. 괜한 노파심 이겠지만 하늘에 구멍이라도 난 듯 저렇게 억수로 쏟아 부으면 비행기가 제대로 이륙이나 할까 걱정스러운 나머지 끝내 새벽잠은 설치고 말았다.

이 나라의 국내선 항공 사정이 B급 정도라는 정보를 미리 알고 왔음이 오히려 화근이었나 보다.

날이 밝고 시내버스가 다니는걸 보고서야 안심할 수 있었던 것은 집 떠난 나그네의 심약(心弱)한 일면 임에 틀림없다. 그래서는 아니된다고 굳게 다짐해본게 엊그제련만 그까짓 장대 빗소리에 노심초사 한데서야 앞으로의 길고 긴 안데스와 아마존 여정을 어찌 감당해낼 수 있단 말인가.

하여, 동서남북이 조금 헷갈리기는 하였으나 밝아오는 동창을 향해 가부좌를 틀고 앉아 본다. 명상요법으로 강심장(?)을 되찾고 싶어서다. 해마다 되풀이 되고 있는 여행 초반의 심리상태 변화중 하나이기도 하다.

서둘러 배낭을 챙긴다.

앞배낭, 뒷배낭에 카메라쌕까지 좌우간 들 것은 모두 어깨에 맡기고 두 발 두 손은 항상 자유로워야 한다. 그래야 유사시에 가장 민첩하게 대처할 수 있기 때문이다.

오늘은 먼길로 다시 이동하는 첫번째 날.

멕시코 시티에서 국내선으로 1시간 40분. 이 나라 남동부 유까탄 반도의 주도(州都) 메리다(Merida)에 닿았다.

(왼쪽 세로 제목) 한민족의 한이 서린 에니깽

같은 나라인데도 멕시코시티와는 전혀 다른 분위기가 매우 한적하고 여유롭다.

기다리던 마야 문명의 중심지에 첫발을 내디딘 셈이다.

1백여년 전 초기 한국 이민사를 기록한 '에니깽 농장'도 이 부근 어디라고 했다.

유까탄 반도하면 칸쿤이고 칸쿤하면 은빛 모래 사장과 열대 야자수가 꿈길처럼 어우러진 카리브 해안의 여름 휴양지로 정평이 난 곳이지만 그런 것들은 모두가 그림의 떡일 뿐이다.

왜냐하면 마야(Maya)를 찾아 불원천리 달려왔기 때문이기도 하거니와 우리나라 초기 이민의 슬픈 족적이 이곳 유까탄 반도에 서려 있음 또한 간과할 수 없기 때문이다. 이미 책으로도 소개 되었고 특히 영화로 그 이름이 널리 알려지면서 그 해 대종상 최우수 작품상까지 거머쥐었던 '에니깽'의 배경이 바로 이곳이므로 언젠가 꼭 한번 와 보리라 손꼽았던 기억이 새삼스럽다.

그러니까 1백여년 전인 1905년, 270세대 1천여명의 우리 동포가 돈벌어 잘 살아 보겠다는 큰 희망으로 화물선에 실려 인천 부두를 떠난지 몇 달 며칠 만에 반초죽음이 되어 육지를 밟아 본 곳이 멕시코 땅 여기 유까탄 반도.

외국으로 나가 몇 년동안 열심히 일하면 큰 돈도 벌고 잘 살 수 있다고 유혹한 사람은 다름 아닌 일본인이었고 우리 동포를 반노예처럼 받아들인 에니깽 농장의 주인 또한 멕시

우리나라 100년 이민사의 첫발을 내디뎠던 유까딴 반도.

칸이 아닌 일본인 이었으니 우리의 초기 이민사는 처음부터 일본인들의 꼬임과 사탕발림에 철저히 이용당한 결과였다.

에니깽이란 멕시코에서 자생하고 있는 선인장의 일종으로 우리는 흔히 용설란이라 부르고 있다. 독성이 심한 가시에 찔리기를 밥먹듯 하면서 노예나 다름 없는 생활을 계속하였다니 기가 막힐 일이 어드메며 못 견디고 죽어간 동포들은 또한 무릇이었을까.

한여름의 더위가 40℃를 웃돌고 독충과 독사가 우글거리는 햇볕에서 하루하루 할당된 노동량을 다하지 못했을땐 모진 핍박이 가해졌으며 심지어는 매를 견디지 못해 맞아서 죽은 사람도 있었다고 한다.

"그 정도의 극한 상황 이라면 바보 같이 왜 앉아서 당하기만 했을까?

차라리 도망이라도 갈 것이지……" 그러나 아무리 둘러보아도 허허벌판 땡볕 아래 나가 보았자 죽음일뿐 도망갈 곳도 숨어 은신할 곳도 없을 성싶다.

더 큰 문제는 한일 관계에 있어 이미 '을사 보호조약' 이

체결된 후 한일합방이라는 국치의 와중에 조선이라는 자기 나라가 이 지구상에서 없어졌다는 사실이다.

내 나라 내 조국이 사라진 마당에 내 임금 내 정부가 없으니 어디에 대고 하소연인들 할 수 있었으랴.

그런 치욕 속에서 살아남은 약 반수의 이민자 중 그 중에 또 반수는 일본인 자기들끼리의 상거래(?)용으로 바다 건너 하바나 사탕수수 밭으로 재차 팔려 갔는데 그들이 오늘날 쿠바에 살고있는 우리 이민 1세대라고 한다. 쿠바나 유까탄이나 한 세월이 지난 지금 그들은 이제 이민 1세대라는 영욕의 설움을 굳건히 버텨내고 대부분 중, 상층을 이루며 잘 살고 있다니 얼마나 다행인지 생각만 해도 울컥 목이 메어 온다.

그런 역사의 질곡에서 지금까지 자의반 타의반으로 고국을 떠난 동포들이 약 6백만명에 이르는 이민 1백년사를 맞은 이 시간에도 자녀교육이나 경제문제 혹은 가치관의 혼돈 때문에 고국을 떠나는 이민자들로 인천공항은 여전히 북적대고 있다는 보도다.

지금의 그들은 타의가 아닌 자의의 행동파들일 것이며 결코 우리를 버리고 떠나는 섭섭한 이웃은 아닐 것이다. 오히려 국제화 시대에 걸맞는 먼 훗날의 미래를 준비하고자 새로운 삶의 터전을 마련하고 넓히기 위해 미지의 세계로 나아가는 고마운(?) 핏줄들 이라고 하면 지나친 표현일까.

어디에서 어떻게 살든 동포들이 현지에서 잘 뿌리 내리도

록 격려하고 도와주는 일은 고국에 남아있는 우리들의 몫이
요 의무다. 그런 사람들을 도와주지 못한다면 국가의 존재
이유는 무엇이며 대한민국이 어찌 그들의 조국일 수 있겠는
가.

여기 메리다의 빵떼옹 공동묘지에서 먼저. 가신 우리 동포
들의 한맺힌 넋을 위로하며 이제라도 고통과 근심없는 천상
천국에서 영생영락 하도록 두손 모아 기도해 본다.

마야의 꽃이 피고 진 욱스말

옛 속담에 '싼게 비지떡' 이라고 했던가.

메리다 게스트 하우스는 에어컨 대신 천정에 매달린 잠자
리 날개 선풍기가 빙빙 돌며 겨우 바람을 보내주기는 하였
으나 도대체 그것은 시각적인 효과일뿐, 더위를 식혀주기에
는 역부족이다.

큰배낭(뒷배낭)을 잘 맡겨 놓았으니 차라리 아침 일찍 길
을 나서는 편이 현명한 탈출일 것같다.

오늘은 Guide map에 표시된 대로 제일 가까운 곳부터 더
듬어 볼 양으로 시외버스에 올랐다.

아침인데도 열려진 차창의 바람이 후끈후끈 달아오른다.

메리다 시내에서 남쪽으로 약 1시간 반쯤 달렸을까?

우리가 궁금해 찾아가고 있는 욱스말(Uxmal) 푯말이 다
왔음을 알려준다. 유까탄 반도에 내려 쪼이는 햇살이 모두

이곳으로만 모였는지 더웁기가 말이 아니다. 물병을 차고 다
니며 연신 마셔 대지만 갈증 해소 또한 그때 뿐이다.

이곳은 주변의 치첸이사나 마야빤과 함께 후기 마야 문명
을 꽃피웠던 중심지로 A.D 7백년에서 1천1백년까지 약 4백
년 동안의 유적들이 많이도 흩어져 있는 곳이므로 그 궤적
을 찬찬히 챙겨볼 일이다. 안내 책자엔 크게 마법사의 피라
미드와 엄청나게 크다는 뜻으로 불리고 있는 그랑 피라미드
그리고 궁성터 등으로 권역을 나누어 놓고 있다.

우선 마법사의 피라미드를 찾아 첫발을 내디뎌 보는 발걸
음이 마치 히말라야의 고산 등반때 느꼈던 감정 만큼이나
가슴이 설레어 온다. 아마도 마법사라는
이름이 네팔왕국의 카트만두를 연상케 했
던 것 같다.

왜 하필이면 피라미드의 이름이 마법사
인가를 물어 보았더니 그 옛날 마법사들끼
리 장난 삼아 카드놀이를 벌였는데 그 놀
이에서 진 편이 벌 받는 댓가로 하룻밤 사
이에 축조했기 때문에 별명이 이름으로 남
아 오늘날 마법사의 피라미드라 부르게 되
었다고 한다.

이름이 좋아 마법사이지 한국어로 직역
하면 도깨비일 터인데 유가탄의 도깨비들
은 멋쟁이 들만 모여서 놀았었나 보다.

마야인들이
사용했다는 숫자
모양들
(다분히 신적인
개념이 농후하다).

꼭 피라미드가 아니더라도 황금사원 이라든가 거대한 축조물들이 어떤 사연에서든 하룻밤 사이에 뚝딱 세워진 기적의 산물인 곳이 지구촌 다른 곳에도 더러 있는 것으로 보아 옛날 사람들은 우리가 상상할 수 없을 만큼 힘이 장사였던가 보다.

얼마나 더운 날씨인지 그냥 걷기만해도 숨이 턱에 차오른다. 피라미드 정상까지 기다시피 네발로 올라서니 시원한 정글 바람이 등줄기 따라 줄줄 흐르던 땀방울을 한 순간에 날려준다.

툭 터진 시야에 당시 제사장들이 살았다는 수도원이 눈 아래고, 공놀이 유기장이라 설명하고 있는 후에고 데 펠로타(Huego de pelota)가 코 앞이다. 그것 말고도 무수히 산재한 피라미드와 궁성터들이 당시의 위대성을 그 잔영(殘影)으로나마 보여주려는 듯 여기저기서 '나 여기 있소' 하고 서로들 시샘하며 손짓한다. 마법사의 피라미드에 빼곡이 새겨진 저 많은 문양들을 해석할 수 있다면 얼마나 더 신비롭고 재미있을까.

오른쪽 광장의 수도원 자리는 아직도 발굴작업이 한창 진행중이라 어수선하다. 울퉁불퉁 가지런하게 정돈되지 않은 경내를 돌아다니는 일은 두배로 더 힘든 고행길이 아닐 수 없다.

고행이란 그 자체가 구도의 길이 아니냐며 애써 자위해 보지만 자꾸 짜증이 앞서려 든다. 건물마다 갖가지 구조물들마다 풍요의 상징인 뱀들이 저토록 차고 넘치게 새겨져 있음을 미뤄 짐작해 보면 사제들의 일상에도 역시 풍요로움을 빌고 있었다는 얘기인 것 같은데 사제라면 수행자요 수행자라면 구도의 길을 걷는자 일 텐데 그 길은 본시 가시밭 길이니 배가 고픈 듯 해야 제격이 아닐까.

설마 사제가 자기배를 채우기 위해 빌었을 리야 없었을터, 무릇 고달프고 힘에 겨웠을 불쌍한 백성들의 허기진 배를 채워주기 위한 풍요의 기원 이었겠지.

아무렴 백번 그렇고 말고…….

후에고 데 펠로타는 수도원과는 달리 마야인들의 생활상을 살펴볼 수 있는 아주 좋은 또다른 유적이었다.

폭 10m쯤 되는 마당 좌우로 높이 4m에 길이가 34m나 되는 벽이 세워져 있었는데 양쪽 벽면 윗쪽엔 자동차 타이어처럼 생긴 크고 둥그런 돌고리가 매달려 있어 특이하다.

당시의 마야인들은 주로 어깨와 무릎으로 둥근공을 주고 받으며 돌고리의 구멍에 집어넣는 놀이를 했었다는데 도무지 믿기지가 않지만 그렇다면 그런 대로 믿어야 행복할 것 같아 수긍키로 했다.

게임의 승자가 신의 은총을 받았음은 당연하겠으나 아무리 다시 생각해 봐도 어깨를 사용한 공이 돌고리의 구멍을 통과하기란 낙타가 바늘 구멍에 들어갈 수 없듯 도저히 불가능 할 것만 같다.

혹시 두 손을 자유로이 쓰면서 현대식 농구를 하듯 그렇게 했다면 몰라도……하여 돌멩이 10개를 시험 삼아 던져보기로 했다. 아무리 덥고 기운이 없어도 내기 경기하듯 마음을 고쳐 먹으니 눈동자가 금방 휘둥그래지는 것같다.

두 손을 마음 대로 이용했음에도 결국 4개 밖엔 집어넣지 못하였으므로 성공률이 50%도 않되는 졸전임에 도리가 없었다.

누가 시키지도 않은 일이었지만 괜히 땀만 흘렸노라고 투덜거리며 닿은 곳은 왕족들이 살았다는 궁성터.

한때의 영광이 무릇 기하 였을텐데 어느 유적지에서나 마찬가지로 가장 호사가 극심했던 왕궁의 잔영은 그만큼 우리의 마음을 더욱 슬프게 한다.

3개의 건축물 위치가 혹여, 신분을 자랑하고자 높은곳 낮은곳으로 구분해 놓지 않았나 싶기도 하였지만 옛사람들의 지혜 속엔 자연의 순리를 거스르는 법이 없었을 것이므로 오직 땅과 하늘의 이치에 따라 가장 슬기롭게 순응했음을 보여주고 있었음이다. 그들은 결코 자연을 해치거나 밀어붙이지 않으면서도 자기들 만의 찬란한 문화를 잘도 발전시켜 놓았다.

욱스말의 모든 신비가 붉은 저녁노을 속으로 서서히 빠져들고 있다.

근처에 카바(Kabah)나 사일(Sayil)등 서너 곳의 이웃 마을
까지 거느리고 있었던 흔적으로 보아 말하자면 큰 도시의
다운타운쯤 되었던 모양이다. 그토록 융성했던 마야의 구도
시 욱스말 이었건만 물부족으로 망했다는 설이 있는가 하면
치첸이사라는 새로운 신도시의 발달 때문이라고도 하고 있
으나 모두가 의문투성이 일 따름, 지금 그 언저리에서 허우
적 거리며 헷갈리고 있는건 나 자신 뿐인가 보다.

오늘은 메리다를 아웃하는 날. 중간에 치첸이사를 둘러보고
칸쿤으로 가는 먼 길이라 아침부터 서둘러 부산을 떨 수밖
에 없다. 이럴 땐 사진 장비가 예삿일이 아니라 힘들 때가
많다.
　입맛이 없어 아침을 **빵**으로 대충 때웠지만 물병 만은 가
장 소중하게 잘 챙겨야 마야문명의 사냥꾼(?)이 될 수 있음
이다.
　메리다에서 동쪽으로 3백5십리나 떨어진 치첸이사(Chichen
Itza)는 A.D 9백~1천5백년 사이의 후기 마야문명 중심지로
크게 번성했던 곳, 가도가도 끝이 없는 외길이 도무지 동서
남북을 가늠할 수 조차 없는 정글 속으로 깊이깊이 빠져든
다.
　이따금씩 지나가는 '치첸이사' 와 '칸쿤' 이라고 적힌 표지

판이 없었더라면 궁금하다 못해 불안하기까지 했을 것 같은 밀림 속의 정적이다.

산(山)도 없고 강(江)도 없는 저 숲 속을 삶의 터전으로 삼고 촌락을 이루며 사는 원주민 인디오가 아직도 있다는 이야기에는 고개가 갸우뚱 해질 수 밖에 없었다.

높낮이도 없고 커브길도 없는 그렇게 멋없는 길을 얼마나 달려왔을까. 버스 운전기사가 잠시 쉬어 간다는데 도대체 이 광막한 정글 속에 차(茶)라도 마시고 용변이라도 볼 수 있는 곳이 있을까 싶지 않다. 그런데 10여분 뒤 길가에 화전을 일구어 무언가 심고 가꾼 것같은 흔적이 지나가고 원두막 처럼 생긴 움막도 하나 둘 스쳐간다.

어디서 나타났는지는 알 수 없으나 윗통을 벗은 꼬마 아이가 새끼 원숭이를 어깨에 올려놓고 우리 버스를 향해 손을 흔들어 준다. 그리고 3~4분후 인디오 마을 앞에 차가 멎는다.

사람이 살 것 같지 않았던 밀림 속에 인가가 있다니…….

참으로 믿기지 않는 현상이다. 마치 이상한 나라의 엘리스처럼. 더욱 놀라운 것은 외부 사람들을 위해 기념품 판매소까지 차려놓고 있었음이다.

얼굴은 동양인과 매우 흡사하면서도 목이 너무 짧아 어깨에 붙은 듯 키까지 짜리몽땅한 원주민들이 어색하지 않은 태도로 손님을 맞고 있다. 옛 것을 이미테이션한 토기와 목기, 가면, 탈, 생활용품, 장난감 등이 제법 그럴사 하다.

하얀 무명천에 화려한 원색 꽃무늬를 장식한 여인들의 원피스도 가지가지 인데다 인디오 문양을 새겨 손으로 뜨개질 했다는 크고 작은 손지갑과 끈달린 주머니가 1달러씩에 세일을 하고 있다.

색색의 보석으로 장식한 목걸이와 팔찌, 반지, 귀고리에 발목을 위한 발찌도 그 모양새가 여간 다양하지 않다.

옛부터 뱀을 신성시했던 마야인들의 후예답게 쿠굴칸이란 뱀조각 공예품과 얼굴에 쓰는 가면들도 각양각색 가지가지다.

짐스럽지만 않다면 해먹(그물침대) 하나쯤은 앞으로의 여정에 꼭 필요할 것같아 욕심을 내고도 싶었으나 배낭을 생각하면 손수건도 무거울게 뻔하여 그냥 구경만 했다.

금, 은 세공품까지 구색을 갖추고 있음은 원주민들 만의 단순한 토산품점 만은 아닌 듯하다.

멕시코 화폐인 페소가 아니더라도 달러라면 환영받고 있음이 새삼 놀랍고 해와 달로 남, 여 화장실을 구분해 놓은 그곳 내부가 재래식이 아닌 수세식인 점에 두 번 놀랐으며 들어가고 나올 때마다 문간에서 인사까지 해주던 그들의 친절에 세번째 놀랐던 기억이 지금도 생각사로 아련하기만 하다.

아 – 그곳에도 사람이 살고 있었다.

선물가게 주인이 열을 올리며 설명한 것은, 물건을 팔자는 것 보다 자기가 이 마을 촌장이라는 자랑 이었다.

피라미드 91계단

정글 속 외딴길을 외롭게 달려온 치첸이사 입구.

그러나 그곳은 여느 번화한 관광지를 닮고 있었다. 어디서 들 왔는지 넓은 주차장에는 어느새 대형 버스 만도 10여대 에 승용차까지 50여 대나 북적이고 있다.

지구촌 곳곳에서 찾아온 여행자들이 그룹별로 줄을 서 입 장권을 사고 차례차례 순서를 기다린다. 영어에 독일어에 프 랑스어와 스페인어까지 와글 거리는 속에 동양인이라고는 혼자일 뿐 그 흔한 일본인 조차 보이지 않고 있으니 과연 머나먼 곳까지 오기는 온 것같다.

이방인 들과 함께 게이트를 통과하여 수목이 우거진 길을 따라 1백미터쯤 지나자 갑자기 탁 트인 넓은 공간이 펼쳐지 면서 거대한 피라미드가 시야를 가득 메운다.

언뜻 보기에 떼오띠와칸의 것보다 크기는 작았으나 계단 식으로 가지런한 모습이 정교한 맛은 훨씬 낫다.

이름하여 카스티요 또는 쿠굴칸 신전이라고도 불리는 캐 슬 피라미드다. 카스티요란 스페인어로 성(城)이란 뜻이며 그 위용이 성채와 같아 붙여진 이름이란다. 겉으로 보아 9개 층으로 쌓아올린 피라미드는 한쪽면의 길이가 55.3m인 정사 각형으로 전체 높이가 23m라고 한다. 한참을 멍 - 하니 서서 바라만 볼 수 밖에 이럴땐 사진이 급한게 아니다. 그까짓 거 야 뒤로 미룬들 어떠랴. 설명을 더 귀담아 들어야 할까보다.

피라미드인지 신전인지 좌우간 그 구조에 대해 천천히 마 저 들어본 이야기 속엔 더욱 놀라운 사실이 자꾸 이어진다.

한면의 계단수가 91칸인데 4면을 모두 합치면 364단(段)이 되고 거기에 맨 위층의 제단(祭壇)을 더하면 꼭 태양력의 1년 날수인 365단이 된다는 계산이다.

마야력에선 한달은 20일, 1년은 18개월 그래서 360일이 되고 나머지는 '하늘의 5일'이라 하여 제단 정상에 나타나 있다고 한다. 91계단에 올라 사방을 훑어보니 울울 창창한 정글은 흡사 남해 바다와 같고 그 수면 위에 크고 작은 섬들이 솟아있듯 마야의 건축물들이 푸르름 속에서 마치 다도해(多島海)처럼 보인다.

과연 치첸이사 유적의 중심축이 바로 이곳임에 달리 이의가 없을 것 같다. 더욱 신기한 것은 우리가 올라서 있는 피라미드 속에 또 하나의 작은 피라미드가 들어 있다는데 그렇다면 2중구조의 복합체라는 얘기가 된다. 작은 피라미드가 너무 초라하여 큰 피라미드로 덮어 씌웠다는 말일까?

작은 피라미드 속으로 들어가기 위한 사람들이 뱀의 계단 서쪽으로 나있는 조그만 출입문 앞에 이미 길게 줄서있다.

한 사람이 겨우 오를 수 있을 정도의 좁은 계단은 음습한 탓에 미끄러질 위험까지 크다는데 그래도 너도나도 들어가 보지 않고는 성을 풀지 못할 것같은 저 많은 사람들을 누가 말리랴.

비좁은 계단을 조심조심 올라가 본 끄트머리엔 작은 방이 있었고 그 안에는 붉은 얼굴을 한 비의신 챠크상과 챠크몰(Chac Mool) 석상이 모셔져 있다.

챠크몰은 앉아있는 것
도 아니고 그렇다고 누워
있는 것도 아닌 어정쩡한
자세로 얼굴과 시선은 입
구를 향하고 있다. 챠크몰
의 상징은 그의 양팔이
가리키고 있으며 두 손은
배꼽 위에 놓인 접시를
받치고 있다.

하늘을 향한
쿠굴칸신전. 모두
더하면 365단을
이루고 있다는
캐슬피라미드의
원경.

스페인 정복 이전의 마
야 시대에는 신에게 바칠
최상의 제물로 산 사람의 가슴에서 금방 꺼낸 뜨거운 심장
을 공양했다는데 그 심장을 올려 놓았던 그릇이 바로 챠크
몰이 두 손으로 받쳐들고 있는 접시라고 한다. 아무리 믿거
나 말거나 한 옛 이야기 라고는 하나 그래도 역사의 한 단
면이고 보면 그렇게 믿어 주는게 나그네의 도리일성 싶기는
하다.

챠크몰의 시선이 자꾸만 등 뒤에서 쫓아오는 것 만 같다.
새로운 인신공양물이 필요해서 일까. 에그머니나, 어서 이
굴 속을 빠져 나가야겠다.

거의 다 내려왔을 무렵 계단 끝자락에서 미끄러지는 순간
내뱉은 외마디 소리는 뜬금없이 "엄 – 마 – 야 – "
만인을 웃기고 말았다.

뱀 하면 〈구약성서〉에서 이브를 유혹한 사탄의 존재로 먼저 연상되는게 우리들의 통념인데 반해 여기서만은 그러한 악마적 요인은 어디에서도 찾아볼 수가 없다.

오히려 인간에게 크나큰 도움을 준 신(神)으로 모셔지고 있는 가운데 이 나라의 건국 신화에서부터 떼오띠와칸이나 아즈텍의 주신전, 심지어는 대통령궁의 벽화에까지 도처에 뱀의 형상들이 살아 숨쉬고 있음이 이를 뒷받침해주고 있다.

뱀은 허물을 벗으면서 생을 다시 사는 의미를 갖고 있으며 물에서도 살고 뭍에서도 사는 수륙양용인데다 날개까지 달고 있으면 그것은 영락없이 우리의 머릿 속에 자리하고 있는 용(龍)이 아니고 무엇이겠는가.

동양에서 상서롭게 떠받쳐지고 있는 용님들이 여기서도 저토록 모셔지고 있음이 묘하게도 닮은 꼴을 하고 있다. 메리다 박물관에서 보았던 엄청난 크기의 뱀이나 어제 보았던 욱스말의 뱀 등 떼오띠와칸에서 '케찰코아틀'이라 불렸던 뱀을 이곳에서는 '쿠굴칸'으로 부르고 있다.

좌우간 유까탄에서 제일가는 '뱀의 최고성지'인 이곳은 1988년 유네스코로부터 세계 문화유산으로 지정받아 크게 유명해진 치첸이사다. 그 대표적인 피라미드의 이름조차 쿠굴칸 즉, '뱀의 성전'이라 하고 있음이 이를 더욱 실감나게 한다. 입을 크게 벌린채 고개를 바짝 세우고 있는 커다란 뱀의 두상이 피라미드 북쪽 계단 입구 양쪽을 지키고 있다.

평시에는 아무렇지도 않던 돌 구조물이 하루의 낮과 밤

길이가 똑 같은 춘분과 추분날 오후 4시가 되면 햇빛을 비켜받은 그림자와 햇살이 함께 조화를 이루며 생동하는 뱀의 환영(幻影)을 만들어낸다고 하는데 21m에 이르는 91계단 돌난간이 뱀의 몸체를 이루고 꼬리는 피라미드 정상에 있는 신전 입구의 대들보에 맞닿는다.

태양의 빛과 그림자가 오묘한 조화를 이루어 마치 커다란 한마리의 뱀이 꿈틀대며 살아 움직이는 것처럼 보인다니 얼마나 신기하고 장엄한 일인가. 뱀을 숭배했던 이 사람들이 해마다 그날이 돌아오면 이 넓은 광장으로 모여들어 알 수 없는 영적 환희에 지금도 온통 난리법석을 피운다는데 그럴 만 하고도 남겠다.

하나의 고정된 건축물에서 춘, 추분날 오후가 됐을 때 자기가 원하는 어떤 형상이 나타 나도록 꾸며 놓았다면 그 시절 그들의 천문학과 건축술은 역법까지도 건축물에 십분 활용하고 있었음이 분명하다. 역법(曆法)이란 그 자체가 하늘의 운행을 뜻하는 것이 아닌가 말이다.

그들의 흔적은 거기에서 끝나지 않았으며 남쪽으로 3백m 지점에 있던 소라의 피라미드가 본격적인 천문대로 쓰였음을 보여주고 있다. 우리나라 소백산에 있는 천문대처럼 돔(Dome)형 지붕이 까라꼴(소라고동) 피라

소라고동을 닮고있어 우리나라 소백산 천문대를 연상케하고 있는 까라꼴피라미드, 정글의 바다위에 우뚝하다.

미드에도 뚜렷했고 내부에는 천체 관측에 사용했을 법한 이 중 구조물이 있는가 하면, 돌탑을 돌아가며 뚫어놓은 창문으로 비쳐드는 태양의 각도를 계산했을땐 역법까지도 맞출 수 있다고 한다.

열심히 설명하는 이 나라 사람이 힘든지 이야기를 들으며 따라 다니고 있는 이방인들이 힘든지 좌우간 피아쌍방이 엄청 어려운 과업(?)을 수행하고 있음엔 우열이 없음이다. 잠시 멈춘 동안 서로들 땀을 훔치며 심호흡을 해본다.

시간을 재촉해야 할 만큼 부지런을 떨면서 돌아 다녔더니 더위를 먹었는지 머리가 빙빙 도는 것같다.

물이나 실컷 마시면서 그늘 밑에 들어 조금 쉬어야 할까보다.

시체 바친 | 신성한 이신고양

아즈텍 사람들을 포함한 마야인들의 사고(思考)속에는 천상천하 이 세상 우주엔 다섯 번의 큰주기가 있는데, 그 중에 이미 네번의 주기는 지나갔으며 우리는 지금 마지막번째 주기를 맞았다는 얘기다. 그것은 이미 인류학 박물관에서도 들어 보았던 설명이라 귀에 익은 소리이기는 하다.

그러므로 우주를 이끌고 있는 하늘의 태양을 조심스레 지켜볼 수 밖에 없음은 당연한 일이며 힘겹고 지친 토나티우에게 신성한 피를 바침으로써 태양신이 수명을 연장할 수 있다고 믿었던 그 시절, 그런 사고 속에서 기왕이면 가장 힘센 사람의 뜨거운 심장을 태양신에게 바치고자 했음은 너무나 자연스러운 발상이 아닐 수 없었을 것이다.

그렇다면 가장 힘센 자는 누구였으며, 어떻게 찾아냈을까?

그 방법으로 생각해 낸 것이 바로 공놀이(후에고 데 펠로타)였다고 한다. 경기에서 이긴 팀의 대표선수가 그 희생 제물로 선택되는 영광(?)을 차지했으며 승자가 자기의 죽음을 기꺼이 받아들였던 그 때의 경기장이 서쪽에 있어 그리로 발걸음을 옮겨보았다.

자그마치 가로 36m에 세로 146m나 되는 공놀이 유기장은 지금까지 발굴된 라틴 아메리카 유적 중 최대 규모이며 자동차 바퀴 모양의 골대인 링은 양쪽 벽면 8m 상단에 오늘도 옛 그대로 박혀 있다.

링 아래쪽 벽면 돌판에는 당시의 경기하던 모습과 승자와 패자가 나란히 도열한 형상이 또렷하게 부조(浮彫)로 새겨져 있다. 그로 미루어 보면 한 팀이 7명씩으로 나뉘어 작은 공을 서로 주고 받으며 경기를 한 것 같은데 골대로 향하는 선수들의 복장이 갑옷과 투구까지 걸치고 있어 마치 전사(戰士)처럼 보인다. 경기에서 이기고, 이긴 팀의 대표는 주저 없이 자기 심장을 신께 바침으로써 최고의 영광을 누렸다는데 그 영광을 어떻게 구가했는지 죽은 자는 말이 없으니 글쎄나 믿어야 할지 말아야 할지 혼란스럽다. ·

어디 그 뿐이랴. 이 곳에 또 하나의 인신공양 유적이 있다

하여 서둘러 발걸음을 옮겨본다. 피라미드에서 북쪽으로 3백
여m.그곳엔 세노테가 있었다. 사방이 숲 속이라, 있는듯 없
는듯 가리워진 반경 60m 정도의 자연 연못은 물이 말라 그
런지 수면은 지표에서 20m쯤 아래에 머물고 물 속 깊이는
대충 30여미터라고 한다.

으시시하게 내려다 보이는 웅덩이의 물이 탁한 녹색을 띠
고있어 괜히 뭐라도 물 속에 살고 있는 듯 신비스럽다.

이곳을 성지(聖地)로 여겨온 마야인들은 비가 오지 않거
나 흉년이 들면 처녀나 어린아이를 이 웅덩이에 산채로 던
져 제를 올렸다고 한다. 기우제를 겸해 비의 신 챠크에게 인
신 공양을 바치기 위함 이었다는데야 무슨 할 말이 더 있으
랴.

1924년 미국인 고고학자 에릭 톰슨 일행이 전설처럼 회자
되고 있던 인신 공양의 진위를 파악하기 위하여 세노테로
들어가 발굴 작업을 실시해 본 결과 10대 어린아이들의 유
골과 챠크신상의 모형 그리고 많은 도자기와 금, 은 장신구
들이 쏟아져 나옴으로써 이야기로만 설(說)이 무성했던 사
실들을 뒷받침했다고 한다.

참으로 가증스
럽기 짝이없는 일
이기는 하나 그들
이 누렸던 그 때
의 문화 일면에

산사람의 심장을
기다리고 있는
챠크몰의 빈접시
(사진 중앙 하단).
인간의 구원은
인간의 신성한
인신공양 위에서만
가능했을까?

우리가 무었을 어찌 논평할 수야 없는 일. 그냥 받아들일 수밖에…….

아직도 전사의 신전, 비너스의 제단, 제규어와 독수리 제단, 천주의 방, 수도원 등 다 돌아보지 못한 유적들이 지천에 허다하건만 이 모두는 한결같이 '인간의 구원은 인간 스스로의 신성한 인신 공양 위에서만 가능하다'는 외침의 한마당 인 것같아 자꾸만 가슴이 저려옴을 감당키가 어렵다.

정말 그러 했을까?

다시 뒤 돌아 본 고대도시 치첸이사에 인걸은 간 데 없고 석양을 뒤로 한 문명의 그림자 만이 길게길게 드리운다.

문명의 흔적이 아니었다면 이곳이야말로 여느 평범한 바닷가 휴양지에 불과했을 것이다. 하지만 칸쿤은 마야 유적의 귀하고 소중함을 한껏 부추켜 주고 있어 더욱 멋지고 아름답다. 칸쿤 다운타운에서 노선버스를 타고 남쪽으로 123㎞를 내려가면 툴룸(Tulum)에 닿는다.

오늘도 덥기는 마찬가지다. 그래서 아침 일찍 서둘러 보았지만 더위를 면할 길은 애초에 포기해야 할 것같다. 차라리 수영복을 준비했다가 정이나 더울 양이면 바다 속으로 뛰어드는게 상책일 듯싶다.

왜냐하면 툴룸이 마야 언어로 벽(壁)을 뜻하고 있는 것처럼 독특하게도 밀림 속이 아닌 바닷가 해안경계 지역의 또 다른 양식을 들어내고 있는 곳이기 때문이다.

그래서 그런지 발길이 머문 유적지는 사람키 정도 높이의 나지막한 돌담으로 둘러싸여 있었다. 동서로 180m, 남북방향으로 380m에 이르는 돌담이 4개의 출입문을 터놓고 있어 그 모습이 마치 제주도의 어느 곳을 연상케 한다.

툴룸의 본래 이름이 해돋이를 의미했다는 이야기도 있고 보면 카리브해 수평선에서 떠오르는 태양을 신성한 존재로 바라보았던 마야인들의 호연지기(浩然之氣)가 지금도 와 닿는 것만 같다.

돌담성(城) 한가운데에는 조금 작은 규모이기는 하나 바다를 등진 '캐슬 피라미드'가 우뚝하다. 그리고 주변에는 이름도 재미있는 바람의 피라미드, 벽화의 피라미드, 뒤집힌 신의 피라미드, 달력의 파라미드가 옹기종기 모여 있다.

예술성이 돋보이는 벽화가 외벽 가득히 장식되었다 하여 그곳은 '벽화의 피라미드'라 했고 A.D 6세기경 당시에 일어났던 사건들을 기록한 일지 형식의 달력이 발견된 곳은 이름하여 '달력의 피라미드'라 이름 붙여놓고 있음이 재미있다.

부지런을 떨며 일찍 찾아 왔건만 다른 사람들도 한낮의 더위가 두려웠던지 벌써 많이들 모여들고 있다. 세계 여러 곳에서 온듯 사람들의 차림새와 희고 붉은 얼굴들이 각양각색이다. 스페인의 수도 마드리드에서 왔다는 소년들과 한데

어울려 제일 높아 보이는 바위에 올라서니 유적지 전경이
한 눈에 들어온다.

  등대처럼 버티고 서있는 피라미드는 그 이름이 '바람의
피라미드'라 불리기에 안성맞춤 인양 곧바로 바다를 응시하
고 있다. 넘실대는 초록빛 카리브해와 어우러진 모습은 가히
한 폭의 그림이라 한들 그 누가 탓하랴 싶을 정도다.

  여러 개의 피라미드에 귀족들이 살았음직한 궁성터가 있
는 것으로 보아 이곳 역시 작은 공동체였음이 분명하다. 낮
은 돌담은 단지 성스러운 지역과 일반 거주지를 구분하기
위한 시설이었을까? 마치 한양성에 문(門) 안팎이 한때 구
분되었던 것처럼 말이다.

  엄격한 신분 차별이나 군사적 의미의 방어시설로 쌓은 성
곽이 아니라고 본다면 이곳의 마야인들은 풍광 좋은 해안가
에서 화목하게 생활공간을 공유하며 바다를 삶터로 공동체
의 무리를 지었음직해 보인다.

타임머신이라도 빌려 탈 수 있다면 그 때로 돌아가 옛 사람들을 만나 비비적 거리며 인간 냄새나는 얘기도 나눠보고, 공놀이도 한번 해보고 싶다. 딱 하나 인신 공양 만은 사양하고 말이다.

너무 더워 바다 속에라도 뛰어들어 다시 생각을 정리해 봐야겠다. 바다물은 시원했다. 명경처럼 맑고 파란 것이 속살까지 다 들여다 보인다.

수경을 끼고 잠수하니 오색찬란한 조무라기 새끼 고기들이 같이 놀자며 졸졸 따라 다닌다. 오랜만에 동심으로 돌아가 마드리드 소년들과 함께 애들처럼 피구도 하고 릴레이도 해본다.

학생을 인솔했던 예쁜 여선생은 도무지 물이 무섭다며 배꼽까지만 들어와선 열심히 심판을 보아주었다.

여기가 어디인가.

긴 세월동안 조개 껍질이 모래알처럼 부서져 하이얀 백사장을 만들어 놓은 카리브해 아닌가.

그때나 지금이나, 마야인들이나 우리나, 여기 이렇게 물장구치며 뛰놀다가 조개 부스러기 무덤 속에 파묻혀 하루해를 마감하기란 모두가 마찬가지 아닐까?

찬란한 햇살도……

따가운 백사장도……

살랑이는 마파람도……

일렁거리는 물소리도……

빨갛게 물드는 석양놀도……

고금, 동서, 천지, 생사 모두가 동근(同根)인 것을…….

천하일경 –
칸쿤 해변의
아름다운 휴양지
리조트 일부.

남미에서는 스페인어 모르면 '스맹'
하나, 둘, 셋, 넷… 숫자라도 우선 알아야!

1 - 우노 - uno
2 - 도스 - dos
3 - 뜨레스 - tres
4 - 꾸아뜨르 - cuatro
5 - 싱고 - cinco
6 - 세이스 - seis
7 - 시에떼 - siete
8 - 오초 - ocho
9 - 누에베 - nueve
10 - 디에스 - diez
11 - 온세 - once
12 - 도세 - dose
13 - 뜨레세 - trece
14 - 까또르세 - catorce
15 - 낀세 - quince
16 - 디에스 이 세이스 - diez y seis
17 - 디에스 이 시에떼 - diez y siete
18 - 디에스 이 오초 - diez y ocho
19 - 디에스 이 누에베 - diez y nueve
20 - 베인떼 - veinte
30 - 뜨레인따 - treinta
40 - 꾸아렌따 - cuarenta
50 - 신꾸엔따 - cincuenta
60 - 세센따 - sesenta
70 - 세뗀따 - setenta
80 - 오첸따 - ochenta
90 - 노벤따 - noventa
100 - 시엔또 - ciento
1,000 - 밀 - mil
10,000 - 디에스 밀 - diez mil

3

산티아고

지난 밤 11시경 기내식으로 저녁을 먹고 비몽사몽 간에 잠깐 뒤치닥 거린 것같은데 스튜어디스가 물수건을 나눠준다.

부시시한 눈에 들어온 창밖의 일출 모습은 마치 하늘나라 궁전에 빨간 카페트를 깔아놓은 것처럼 찬란하기 그지없다.

그 가운데서 섬광처럼 솟아오른 태양이 온천지를 불사르기 라도 하듯 강하게 빛을 쏘아댄다. 신비스럽다 아니할 수가 없다. 미욱한 인간이 티끌처럼 왜소해 보임도 전혀 이상한게 아니다.

동서고금을 막론하고 옛 사람들에게 태양신이 존재하고 있었음을 단박에 알아차릴 수 있을 것같다. 그렇게 새날이 밝았음에 친절하게도 또 아침을 먹으란다. 입맛으로는 도저히 내키지 않았지만 그래도 어쩌랴 하루의 시작이니까 먹어둬야 보배인 것을⋯⋯.

차츰 하늘이 밝아 오면서 창밖으로 펼쳐진 안데스의 만년설봉이 우리를 계속 따라오고 있음이 선연하다. 아니 안데스 산록을 따라 우리가 마냥 미끄러져 가고 있다.

지긋지긋했던 더위와의 싸움에 진력이 난 두 눈에 백설(白雪)이 뒤덮인 고산준령의 파노라마라니 시력이 금방 1.5라도 되는 듯 해맑아지는 것같아 시원하다.

지금 찾아가고 있는 이 나라의 공식 국명은 칠레공화국(Republica de CHILE).

면적 75만 6천㎢에 인구 1천6백만명이 스페인어를 공용어로 쓰고 있다. 우리나라와는 1962년에 국교를 수립하였고

하늘길 따라 칠레 입북

1972년에는 북한과도 수교한 나라다. 한국과는 위도상으로나 경도상으로 모두가 지구의 정반대쪽에 위치하고 있어 계절조차 거꾸로 가고 있다.

남위 18도에서 56도에 걸쳐 마치 뱀장어 한마리가 꿈틀거리고 있는 것처럼 길고 길게 뻗어내린 칠레는 오세아니아주까지 두 개의 대륙에 걸쳐 있다. 동쪽으로 안데스 산맥을 타고 내리면서 서쪽으로는 태평양을 안고 있는 남북의 길이가 자그마치 4천2백km나 되고 남극땅까지 합하면 약 7천7백km로 세계에서 가장 긴 나라로 꼽힌다.

국토가 남북으로 너무 길어 북쪽과 남쪽이 전혀 다른 나라인양 생소하기까지 하다는데 북부지방은 수만 년의 나이에 걸맞게 바다가 융기되면서 소금기마저 다분하여 차마 인간이 손대지 못한 약 26만㎢의 아타카마 사막(Desierto de Atacama)과 산지로 구성된 건조지역으로 밤과 낮의 기온차가 너무 심해 동.식물조차 살기 힘든 곳이라고 한다.

남부는 수십개의 크고 작은 섬으로 갈라지는데 폴리네시아에 속한 이스터섬이나 로빈손 크루소섬과 마젤란 군도를 포함하여 파타고니아 지나 남극에까지 연결되고 있다.

환 태평양권에 전국토가 노출된 탓으로 세계에서 손꼽히는 지진 다발국이기도 하며 1939년 1월의 대지진 때는 무려 2만5천명의 사망자를 낸 기록(?)까지 갖고있다.

뉴스에 의하면 어제만 해도 아타카마 사막 남부에서 지진이 이틀간이나 간헐적으로 지나가 건물 일부가 파손되고 1

백여명의 이재민이 대피소동까지 벌였다는데 제발 올여름 여행중에는 조용히 참아 주었으면 좋겠다.

이 나라 국민의 대다수는 백인계로써 중부지방은 스페인계가, 남부에는 독일계와 유고슬라비아계 등 유럽계가 약 20%를 차지하고 있는 가운데 어쩔수 없는 국운의 변이 속에서 태어나게 된 본토 아라우칸족 인디오와 스페인계의 혼혈 즉, '칠레 메스띠소'가 전체 혼혈 인구의 63%를 차지하고 있어 이제는 메스띠소가 결코 특별한 존재가 아닌 대다수 국민이 되었다니 역사의 흐름 속에서 피어난 인생유전이었나 보다.

예전에는 이 나라의 경쟁력이 기후(Weather), 와인(Wine), 여자(Woman)의 3W이었으나 지금은 과일(Fruit), 꽃(Flower), 생선(Fish)의 3F로 진즉 바뀌었다는데 어디 한번 두고 볼 일이다.

그런 가운데 동양인 특히 우리들과 많이 닮고있는 인디오 원주민이 아직도 40~50만명에 이르고 그들은 지금도 자기들 만의 언어와 전통적 생활습관을 소중히 간직하고 있다는 기쁜 소식이다.

그들의 마을에 한번쯤 들러 보고도 싶고 몽골리안 인디오의 집에서 하룻밤 쯤 유숙할 수 있다면 기꺼이 일정을 변경하고도 싶다. 내 생애 가장 먼 곳까지 날아온 지금, 비행기가 착륙을 위해 쿵쿵거릴 때마다 내 가슴도 따라서 자꾸만 쿵쿵거린다.

비행기가 무사히 착륙했는데도 승객들을 얼른 내려주지 않고 있으니 여기 저기서 웅성거린다. 창 밖으로 내다 보인 공항은 아직 이른 아침인 듯 희뿌연 안개 속에서 이제야 사람들이 조금씩 움직이는 것같다.

그런데 그들의 차림새가 이게 웬일일까?

낯선 입국자들은 지금 반바지에 티셔츠를 걸쳤을 뿐인데 저 사람들은 하나같이 겨울용 파카에 털모자까지 쓰고 있으니…….

아뿔싸, 이곳은 지금 한겨울이지 않은가.

출국할 때 서울은 30도를 오르 내리는 열대야까지 겹쳐 더위 때문에 밤잠을 설치기 일쑤였는데 지금 이곳 산티아고는 엄동설한(?)인 셈이다. 그 겨울에 꼭두 새벽인 지금 저들의 행동이 조금 굼뜨고 있음은 우리가 이해해야 할 몫인 것같다.

공항 시설이 많이 미흡한 것 같지는 않은데 트랩을 내려 2~3분 걷는 동안 영하 0도의 추위에 잠시나마 꼼짝없이 덜덜 떨어야했다. 배낭을 찾자마자 파카부터 꺼내 입느라 어수선한 가운데 베니테스(Benitez)공항에서 산티아고와의 첫 인사를·그렇게 나눈 셈이다.

동서로, 남북으로 지구 정반대쪽까지 참으로 멀고도 먼 곳을 용케 잘 찾아온게 틀림없건만 어렸을 때 상상했던 대로 남반구 사람들이 지구에서 거꾸로 매달려 있지 않음이 신기(?)했다고나 할까. 잠깐의 환상이었지만 말이다.

만년설의
안데스 산록따라
고즈넉이 자리한
산티아고 시 전경.

공항에서 시내까지는 26km.

한적한 시골길을 달리는 듯 주변이 조용하기만 하다.

이 길을 북으로 계속 달리면 페루, 에콰도르, 콜롬비아, 멕시코, 미국을 거쳐 캐나다, 알래스카까지 이어진다는데 언젠가 그렇게도 한번 꼭 달려보고 싶다. 물론 남으로 파타고니아와 푼타 아레나스까지를 몽땅 포함해서 말이다.

버스가 달리는 동안 더욱 선명해진 안데스의 하얀 만년설 준령이 아침 햇살을 받아 붉게도 보였다가 노랗게도 변하면서 신비를 더해준다. 저 넘어 어디쯤엔가 남북 아메리카대륙 최고봉인 아콩카과(해발 6,960m)가 과히 멀지 않은 곳에 있을 법도 한데 한 눈으로 찾아 볼수 없음이 조금 아쉽다.

연중 3백일 이상이 맑은 날씨인데다 안데스의 눈녹은 물을 풍부하게 공급받아 가꿔놓은 포도밭이 산티아고로 가는 길 양편에 끝간 데 없이 이어진다. 지금은 비록 겨울철이라 수확이 끝난 빈 들에 낙엽진 포도원이지만 제철을 만나 온통 푸르게 어우러진 들녘에 하나 가득 포도송이가 매달려 있음을 상상해 보면 가히 장관이 아닐 수 없을 것같다.

포도주 하면 프랑스를 연상해 왔던 고정관념을 언젠가 실크로드를 달리면서 타클라마칸의 뚜루판으로 대체해 봤던 기억이 새삼스러 웠는데 이제는 칠레산 포도주로 그 격을 다시 바꿔봐야 할까 보다.

인구 600만의 시내가 가까운듯 차량의 흐름이 느려진다.

전후좌우에 우리 현대차가 눈에 띄게 많이 보인다. 이 나라에 굴러 다니는 수입 자동차의 30% 정도가 현대차일 것이라는 설명인데 그렇다면 3대에 1대 꼴이 우리 자동차란 말이 된다. 지구 반대쪽에서 목격하고 있는 현실이 대견하다 못해 기특하다는 생각까지 든다. 하기야 얼마 전 신촌 어느 백화점에서 칠레산 포도와 포도주 특판전이 있었는데 우리 것에 비해 가격이 월등히 저렴했던 기억이 난다.

실로 지구촌 한마당이 바로 코 앞에 다가와 있음이다.

지금 이곳의 보통포도주 값이 한 병에 우리돈으로 2천원 안팎 이라면 고작 포천 이동막걸리 수준이 아닌가 말이다. 물론 특급 브랜드 알마비바(Almaviva)야 값으로 따져 그림의 떡일 수밖에 없지만…….

다른 과일들도 그런가 싶어 계속 물어 보았더니 딸기, 자두, 배, 복숭아 등이 매우 흔하며 특히 사과는 그 맛이 우리 것 만큼이나 좋아 멕시코나 심지어 미국 것과는 게임이 않된다고 자랑이 대단하다. '미국것 보다 낫다' 라는 대목에서 제일 강한 악센트가 튀어 나오는 걸 보면 이들이 갖는 미국에 대한 감정을 조금은 짐작할 것도 같다.

과거의 강대국이었던 미국이 21세기 들어 더욱 초강국으로 변하고 있는데 대한 지구촌 사람들의 공통된 과민반응에서 일까. 그러나 저러나 이 시점에서 지금 남의 집 걱정할 때가 아니지 않은가. 만약 이 나라와 우리가 'F.T.A(자유무역 협정)' 이라도 맺는 날이면 양국 간에 과일 트러블이 일어나는 것은 아닌지 모르겠다.

포도야 수확시점이 계절상 정반대이므로 서로 좋을 수도 있겠으나 보관이 용이한 사과라면 분명 문제가 될 듯도 싶다. 게다가 맛까지 우리 것 만큼 좋다면 더욱 그러하지 않겠는가. 이땅에 머무는 동안 칠레산 포도주를 사과 안주로 시식 한번 해봐야겠다.

어디까지나, 나라 사랑하는 지킴이의 사명감으로 말이다.

대통령궁을 향한 성모 마리아

사방이 산으로 둘러 쌓인 분지라서 그럴까. 아니면 이곳도 주체할 수 없는 차량의 매연 때문에서 일까. 해발 500~600m의 고지대인걸 생각하면 오히려 쾌적할 수도 있으련만 결국은 그 두가지 요인이 복합적으로 상승작용을 일으키고 있는 산티아고 역시 스모그 현상에서 예외일순 없는 모양이다.

오전중인데도 머리가 칙칙하고 지끈거린다.

박물관을 먼저 찾아보고 싶었는데 뒤로 돌리고 우선 공기가 탁하지 않은 곳을 찾아 산크리스토발 언덕으로 방향을 바꾸었다.

'약 좋다고 남용말고, 머리 굴려 잘 다녀보자'는 건 배낭여행 수칙에도 있는 교훈아닌가. 마침 케이블카(Funicular)가 있어 수월하게 오른 해발 880m의 고지는 시내 다운타운에서

셈해도 약 3백m나 높은 곳이다.

그래서 그런지 수목도 좋고 상쾌하기 그지없다.

그 정점에 고개를 약간 숙이고 서 있는 하얀 성모상이 있고 앞뜰엔 미사를 봉헌할 수 있는 야외성전까지 마련되어 있어 언제나 누구라도 기도와 묵상을 자유로이 할 수 있도록 배려하고 있음은 성경의 한 구절처럼 주님 보시기에 참으로 아름다운 모습인 것같다.

중량 36t이 받치고 있는 14m의 훤칠한 성모 마리아께서 1908년부터 1백여년 동안 산티아고를 내려다 보면서 이 나라와 이 백성들을 위해 기도했음이리라.

정말 그런지는 알 수 없으나 성모 마리아께서 일구월심 시선을 떼지않고 바라보는 곳은 모네다 궁전 즉 대통령 관저라는 설명이다. 우리나라 서울의 남산에도 이런 성모상이 있어 항상 청와대를 바라보고 있으면 얼마나 좋을까. 꿈 같은 넋두리일까?

전망대에 올라서니 남산 팔각정에서 처럼 시내 전체가 한눈 아래에 든다.

새로운 땅 이곳에 황금이 많이 난다는 소문을 듣고 찾아왔던 스페인 침략자 페드로 데 발디비아(Pedro de Valdivia)의 발상으로 1541년부터 도시가 형성되기 시작 했다면 5백년에 가까운 고도(古都) 산티아고인 셈이다.

조선 건국 초기 태종과 정도전의 한양 천도보다 일백여년 뒷일이기는 하나 그때 벌써 지금의 모습처럼 넉넉하게 도시

계획을 기초하였다니 수백년 앞을 내다본 혜안이 부럽기만 하다.

잠시 맑고 조용한 곳에서의 쉼(산책)으로 원기를 회복하였으니 다시 번잡한 인간 세상으로 하산할 차례다. 먼저 마리아께서 한시도 눈길을 떼지않고 자나깨나 바라보고 있다는 대통령 궁으로 가 볼 일이다.

우리나라 청와대와도 같은 이 나라 대통령관저의 본래 이름은 모네다 궁전(Palacio de Moneda). 모네다라는 말의 어원이 '돈'이라는 뜻에서도 알 수 있듯이 이 건물은 나라의 돈을 찍어내던 조폐창이었다고 한다.

1970년 살바도르 아옌데가 라틴 아메리카 최초로 사회주의 정권을 수립하였으나 이에 저항한 군부의 피노체트 장군이 3년 뒤 쿠데타를 일으켰고 아옌데가 최후의 보루로 삼았던 모네다 궁전조차 혁명군의 공중폭격으로 불타면서 아옌데가 사망하고 피노체트의 세상이 열린 곳이다. 새정부 들어 궁(宮)이 다시 완전 복구되고 대통령 관저로써 오늘에 이르고 있다는 역사의 현장 모네다 궁.

이 나라의 한시대를 증언하고 있는 대통령궁이 시내 한복판에 이상하리 만큼 너무도 조용히 자리하고 있다. 누구나 그 앞을 지나는데 아무런 제제를 받지 않음은 물론 건물 한복판에 있

옛 조폐공장 이었던 대통령 궁.
삼엄한 경계도 없이 너무나 보통스러운 분위기 속에 누구나 출입도 자유스럽다.

는 정원까지도 무상출입이 가능하고 있음이 더욱 이채롭다.

실내 출입 만은 당연히 아니지만 이렇게 관저 안에까지 들어와 정원 벤치에 앉아 담소하며 사진까지도 찍을 수 있음은 참으로 신나는 일이다.

군인인지 경찰인지는 모르겠으나 제복을 입은 관원이 우리들을 반기며 "여기는 전에 아옌데가 쓰던 곳이고, 저기는 그후 피노체트가 사용했으며, 지금 이곳은 현 대통령의 집무실이다"라고 건물의 내력까지 일일이 밝히며 친절하게 안내해준다.

선입견이 옛날 조폐창 건물이라서 그런지 일국의 대통령궁 치고는 너무나 시시하달까, 수수하달까. 소공동에 있는 한국은행 본점처럼 그런 곳에 그런 정도로 자리하고 있음은 국민과의 거리를 좁히려는 정부의 배려임이 아닐런지……

오래 전 귀동냥으로 들은 얘기 한토막이 생각난다.

칠레주재 우리나라 대사관 직원이 서울에서 온 귀하신 분(?)에게 대통령궁을 안내하고 나서 오히려 꾸지람을 들었다는데 이유인 즉 "그 따위 시시한 건물을 보여 주느냐"고 성질을 냈다니 과연 그 귀빈은 무엇을 보고 싶었던 것이었을까 차라리 우스갯 소리였으면 싶은 안타까운 일면이다.

보이는 것 보다 보이지 않는 것을 보고, 들리는 것 보다 들리지 않는 소리를 들을줄 알아야 큰 인물이 된다고 이미 성현께서도 말씀 하셨건만……

역사를 알면 미래가 보인다고 했던가.

옛 것을 업수이 여기지 않는 역사의식이야 말로 온고지신 (溫故知新)의 기본이다. 천하에 낯선땅 이곳 산티아고에 와서 갑자기 부자가 된 듯한 기분은 시내 도처에 널려 있는 많은 박물관 때문이었다.

이들에게 결코 잊을 수 없는 아픈 역사 임에도 불구하고 식민시대의 잔영들을 모아 1769년에 건립한 역사 박물관을 비롯하여 산티아고 박물관, 국립 자연사박물관, 예술 박물관, 군사학교 박물관, 항공 박물관, 국립 미술관, 고고학 박물관 등등 분야 별로 다양하면서 많기도 하다.

고고학 박물관에서는 칠레 각지에서 발굴된 옛날 옛적 토기와 직물, 장신구, 생활용구에 출토된 부장품의 전시는 물론 이 땅의 본래 주인이었던 인디오들의 생활상을 재현해 놓고 해설까지 친절히 설명하고 있어 이들의 뿌리와 전통을 인식하기에 작지만 매우 인상깊은 배움의 집이었다.

또 역사 박물관에서는 식민지시대부터의 소상한 역사와 독립운동 영웅들의 초상화나 서간 또는 그들이 지녔던 호신용 소지품과 구국의 일념으로 사용했던 결사의 징표들까지 전시하여 소개하고 있으므로 후학들의 산 교육장 임을 자부하고 있어 부러움의 대상이었다.

칠레 본토가 남북으로 1만리가 넘는 특성 때문에 위쪽으로 열대에 가까운 사막지대가 있는가 하면 아래로는 빙하의 세상인 파타고니아가 있어 어떤 점에 있어서는 불편하기도 하겠지만 그것을 역발상으로 생각을 바꿔보면 이 나라는 매우 다이나믹하게 변화하는 자연의 보고 임에 틀림이 없다.

그러한 칠레 특유의 자연과 그 진수를 한곳에 모아놓고 이해하기 쉽도록 해설하고 있는 곳이 바로 자연사 박물관으로 1830년대에 프랑스인 과학자 글라지오 게이(Claudio Gay)가 십수년에 걸쳐 전국 방방곡곡을 걸어다니며 모은 방대한 자료를 기초로 오늘에 이르기까지 170년을 버티고 있다.

지금은 채집률 90% 이상을 확보했다고 자랑하는 동, 식물학, 곤충학, 수생물학, 고생물학, 광물학, 인류학에 이르기까지 매우 폭넓은 자료의 집대성으로 남미 전역을 통틀어도 손색이 없을거라는 자랑이다.

특히 중앙 로비를 장식하고 있는 어마어마하게 큰 고래 골격 표본은 지금까지 보아온 크기의 한계를 훨씬 넘어 마치 콜롬버스의 범선이 무색할 지경이다. 가히 백미라 아니할 수 없다.

인류 탄생 이전의 역사 전시실에는 칠레 각지를 관람자 본인이 직접 발품으로 일주하며 여행을 하는 것 처럼 꾸며 놓고 있어 전혀 지루하지 않도록 배려하고 있어 좋았고, 남북을 오가며 특색있는 자연과 그곳에서만 서식하는 모든 생태계를 집합하였으니 남극을 가지 않고도 그곳의 펭귄과 어울릴 수 있음은 얼마나 기쁜 일인가.

'그 섬에 가고 싶다'고 했던가? 이스터 섬 기념관의 모아이 상과 오롱고 조인상이 어서오라 자꾸만 손짓하는 것같다.

국토가 멋없이 길죽하기
만 하여 묘하게 생긴 나
라가 동방의 머나 먼 길
손을 흥미의 늪으로 계속
빠져들게 한다.

산티아고는 세계 1백대
순위에 들어가는 명문대

학을 두 곳(가톨릭대 45위, 칠레대 64위)이나 갖고 있는 교
육열이 매우 높은 도시로 그러한 맨파워와 풍부한 자원을
바탕삼아 매년 5.7%이상씩 경제 성장율을 보이고 있는 부자
나라 칠레.

시인 네루다
가(家)를 상징하고
있는 전통문양이
매우
이채롭다(산티아고
챠스고나 소재).

그 도시가 자랑하는 1971년도 노벨문학상 수상자 파블로
네루다(Pablo Neruda)의 이야기는 조금은 알고온 바이지만
그러나 그의 손때 묻은 기념관을 찾아가는 발걸음이 여느
박물관하고는 사뭇 다르다.

경찰에게도 묻고 버스 운전사에게도 물으며 갔다. 놀라운
것은 네루다를 모르는 사람이 없었고 한결같이 친절하게 길
을 가르쳐 주고 있음이다. 가까이에 왔는지 곳곳에 네루다의
푯말이 눈에 뜨인다.

글을 쓰는 일 외에 그가 평생을 매달렸다는 진품 수집벽
은 가히 광기에 가까웠다고 소문이 자자한 터라 꼭 한번 만
나보고 싶었던 네루다의 체취다.

예상은 적중했다. 예를 들어 별 것도 아닌 조개껍질 하나

만 하더라도 수천 점을 넘게 모았고 서구 문화의 유리병이
나 술잔, 찻잔에 중국산 부채와 동남아 지역의 불상들까지도
전문가 수준을 훨씬 넘고 있다.

불후의 명작 〈로빈슨 크루소〉 원본과 같은 희귀본을 비롯
해 세상에 널리 알려지지 않은 진귀 장서들도 빼곡빼곡하다.
그는 잉카문명의 사라진 공중도시 마추피추에 올라 글로써
라틴 아메리카의 위대성을 승화시킨 대문호이자 진정으로
조국 칠레의 대지를 사랑한 시인이며 식민통치의 아픈 역사
속에서 고통받고 죽어간 죄없는 많은 이들을 문필로 어루만
져 재탄생 시킨 '문학의 마술사' 였다.

조국을 위해 프랑스 영사와 후에 대사까지 지낸 경력의
소유자 였던 '네루다의 집'이 어느 궁궐 못지않게 자꾸 자
꾸 크게만 보인다.

떠나올 때 밖에까지 따라 나오며 배웅해준 관리인 아저씨
의 그윽한 눈길이 지금도 선하다. 아 – 시인이 아니더라도
한 편의 시를 쓸 수 있을 것만 같은 시인의 집, 무지개의 집.

난향천리 묵향만리라 했던가.

옛 임자는 가고 없어도 그의 집은 거기 고스란히 살아 숨
쉬고 있었다. 참으로 훌륭하다

아니, 한 인간의 진정한 멋이 바로 그곳 태평양 해안에 있
었다.

비바 월드컵

별로 잘 살지도 못하고 그렇다고 축구를 썩 잘하지도 못하면서 칠레가 아르헨티나를 제치고 1962년 FIFA 월드컵 대회 개최권을 따냈을 때 많은 나라들은 불안해 하기 시작했다.

지진 다발국으로 언제 땅이 갈라질지 두렵기도 한데다 경제적으로 넉넉하지도 못해 과연 월드컵 대회를 제대로 치를 수 있을지 걱정됐던 것이다.

늘 간헐적인 화산 폭발과 지진으로 뒤숭숭하던 차에 마치 그런 우려를 기다리기라도 한 듯 재앙이 현실로 나타났으니 대회를 2년 앞둔 1960년 5월 휴화산이었던 오소르노의 분출과 함께 칠레 전역에 대지진이 엄습하고 말았다. 5천여명이 사망하고 수만명의 이재민에 막대한 재산 손실을 남겼다. 또 1961년 4월엔 난데없는 비행기 추락사고로 프로축구 1부 리그의 '그린크로스팀' 선수 전원이 목숨을 잃었다.

불길한 징조라며 먹고 살기에도 바쁜데 무슨 월드컵이냐고 불평하는 시민들이 늘어만 갔다. 그런 상황에서도 축구에 대한 열기 만은 좀처럼 식지 않았고 정부는 월드컵 대회 준비에 온 정성을 다 쏟았다. 지진피해 복구작업 중에도 수도 산티아고에 8만명을 수용할 수 있는 어마어마한 대경기장 '에스타디오 나시오날'을 신축한 건 그때였다.

드디어 1962년 5월 30일부터 6월 17일까지 18일간 산티아고 등 4개 도시에서 제7회 FIFA 월드컵 대회가 열렸다.

106개 회원국 중 56개 국이 지역예선에 참가해 16개 팀이 본선에 올랐다. 브라질이 결승전에서 체코를 3대 1로 누르고

1954년 대회에 이어 또다시 우승, 두번의 '줄 리메컵'을 안
은 세번째 나라가 된 대회였다. 그런 가운데 개최국 칠레의
선전도 눈부셨다. 그들은 예선 2조 스위스와의 개막 경기에
서 3대 1로 승리한 여세를 몰아 이탈리아와의 대전에서도 2
대 0으로 이겨 대이변을 일으켰다.

  그때의 경기를 일컬어 사람들은 '산티아고의 전투'라고
부를 만큼 매우 치열했다는데 경기도중 격분한 선수들의 거
친 행동에 코뼈가 부러지고 주먹이 난무하였으며 상대선수
의 목을 밟은 산체스 선수는 전경기 퇴장이라는 불명예 기
록을 남기기도 하였다.

  서독에게 2대 0으로 패한 칠레는 2승1패, 조 2위로 8강에
진출했고 준준결승의 상대는 1960년 제1회 유럽 축구선수권
대회에서 우승한 소련으로 그때 소련팀의 골키퍼는 축구사
에 그 이름도 유명한 '신의 손, 야신'이었다. 그런 C.C.C.P
마저 2대 1로 따돌리고 4강에 오
르자 1만리가 넘는 칠레 남북의
전국토는 우승이라도 한 듯 축제
분위기가 3일간이나 밤낮으로 들
떴었다고 한다.

  준결승에서 브라질에 패하고 3,
4위전에서 유고에게 이겨 월드컵
출전사상 처음으로 3위에 오른 주
최국 칠레는 이를 계기로 새로운

1962년 칠레에서
개최된 제7회 월드컵
공식 포스터.

희망과 자신감을 얻어 온 국민이 한마음되는 원동력을 일구어 냈다. 그 힘을 바탕으로 지진과 참사 등 어려운 역경을 이겨내면서 축구 수준 또한 한단계 끌어 올린건 당연한 귀결 이라고나 할까.

지금도 그러하지만 그때의 칠레 월드컵 또한 남미와 유럽의 잔치 속에 우리나라는 10조에 소속 1차 예선에서 숙적 일본을 누르기는 하였으나 최종예선에서 하필이면 유럽의 강호 유고를 만나 탈락하고 말았었다.

그때가 제7회 대회였고 우리가 치뤄야 할 세기의 잔치가 제 17회라면 어느덧 세월이 흘러 꼭 40년, 2002년 5월 31일!

'FIFA Worldcup Korea'가 우리나라 서울 상암구장에서 개막된다. 이들이 국내, 외적인 숱한 어려움과 역경을 축구를 통해 극복하고 새출발을 했듯이, 남북문제, 정치문제, 경제문제, 환경문제, 한일문제, 국제문제 등 어수선한 우리나라의 난제들이 2002월드컵 한방으로 시원하게 풀렸으면 얼마나 좋을까.

축구를 매우 좋아하는 나라 칠레에서 가져보는 소망스런 꿈이, 제발 헛된 꿈이 아니기를 간곡히 기원해 본다.

'**질**좋은 여행, 건강한 학습'을 모토로 금주, 금연을 외쳐 댄지도 벌써 열흘째, 술맛 본지가 우금 삼년은 된 것같으니 한잔이 그리운 시점이기도 하거니와 이곳이 어디인가.

칠레 산티아고의 알베르토씨 형제네 게스트 하우스가 아닌가.

"그래, 한 잔 하자"

"그대신 위스키는 No, 포도주만 O.K다"라고 스스로 다짐하면서 칠레산 포도주의 대명사격인 콘챠이또로 3병을 샀다. 아니 3병만 샀다. 값이 싼 것으로 셈치면 10병도 좋겠지만 말이다. 대신 안주는 비스킷과 치즈에 건포도와 소시지 정도…….

그런데 계산이 이게 웬 말인가. 배보다 배꼽이 크다는 말을 항용 즐겨 써오긴 했지만 실제 상황이 꿈이 아닌 현실로 나타날 줄이야. 별로 크지도 않은 소시지 하나가 포도주 1병 값 보다 더 비싸고 있으니 이건 말씀이 아니잖은가.

내일을 생각해 좀더 주워 담았던 소시지와 치즈를 반쯤 덜어 냈는데도 아직 술값보다 안주값이 두배다. 이런 제기랄…….

비록 안주가 푸짐하지는 않았지만 칠레산 오리지널 포도주를 저들과 함께 손짓 발짓 해가며 병째 놓고 마시다니 한 모금에도 취하고 두번 들이켜니 대취된 기분이다. 물론 희망사항이지만 말이다.

그리고 보니 술이든 밥이든 먹는 문제에 있어서 아직까지

별다른 것을 먹고 토해본 일도 없거니와 놀라 도망친 경우
도 없었음은 크게 해괴한 일이다. 우선 적당히 얼큰하도록
맵싸한 고추와 마늘 냄새가 입맛을 편안하게 해주고 있어
다행이다.

그리고 재료들이 또한 옥수수, 콩, 호박, 고구마, 감자, 땅
콩, 토마토, 유까, 감자, 면실유, 코코아, 초콜릿, 코카차 등인
데다 데킬라나 포도주는 익히 알고 있는 인터내셔널 와인이
아닌가.

사람들의 유행이나 습관
중 때에 따라 제일 변하기
쉬운 것은 의상이지만 가
장 오래도록 변하기 어려
운 것은 먹거리라고 했다.

아마도 이들의 뿌리가
우리와 한맥이었기에 더 더욱 먹는 음식에 공통점을 많이
갖고 있나 보다. 그것은 지구를 한바퀴 도는 백팩커들에게
있어 참으로 다행하고 행복한 일 중 하나다.

인디오 청년
알베르토씨 형제가
운영하고 있는
게스트 하우스의
독특한 벽장식이
애교 만점이다.

우리나라의 쌀에 해당하고 있는 이들의 주식은 옥수수와
감자라는데 그 중에도 옥수수야 말로 자기들에게 있어선 제
일의 식량이며 따라서 가장 중요시돼온 작물이었음을 알베
르토씨는 아까부터 계속 강조하고있다.

심지어 이들에겐 종교적인 관점에서도 옥수수를 신성시한
다며 다음과 같은 이야기까지 들려준다.

옛날 옛적 신이 인간을 창조할 때 흙을 빚어 여러가지 방법으로 당신의 형상을 만들어 보았으나 다 소용이 없자 마지막으로 옥수수를 이용해 인간을 만들고 그것에 생명을 불어 넣으니 온전한 사람이 되었더라는 꿈같은 얘기다.

믿거나 말거나 좌우간, 이 지구상의 모든 인간들은 흙이 아닌 옥수수로 만들어 졌다고 하는 이들의 믿음을 한번 더 새겨 들어 볼 일이다.

안데스 인디오들의 가장 중요한 식량원인 옥수수의 높은 중요성과 이에 어울리는 독특한 종교적 의미를 잘 보여주고 있는 실례 라고 할 수 있겠다.

문화는 오랜 관습의 끝자락에서 영글어지는 열매다. 우리 나라와 중국, 일본의 문화가 서로 각각이지만 나름 대로는 많은 유사성이 있음을 부인할 수 없듯이 마찬가지로 메소아메리카에서 발달한 멕시코 문명군과 안데스를 축으로 하는 칠레나 페루형 문명군에는 어딘지 모를 공통점들이 많이도 배어 있는 것같다.

물론 적도를 사이에 둔 넓고 넓은 남북반구 문화의 개별적 특성까지 모두 일반화 시킬 수는 당연히 없음이다.

산티아고의 겨울밤이 스산하기는 하였으나 먹는 문화 하나 만으로도 인디오들과의 이야기꽃이 시들줄을 모른다. 새콤달콤 맛있는 열매를 권하기에 알베르토씨에게 이름을 물어 보았더니 '아우아뜰'(Ahuacatl)이라면서 갑자기 얼굴을 붉히며 게면쩍게 웃는다.

인디오 말로 고환(睾丸)에서 유래된 별명이란다. 그리고나
서 다시 보니 모양새가 비슷하게도 생겼다. 음담도 아닌데
그까짓걸 가지고 부끄럽다니, 아마도 동양계의 양반 후손이
었던게 유죄였던가 보다.

밤이 꽤나 깊은 것같은데 잠잘 생각이 없으니 이럴 땐 이
것도 병(?)이다.

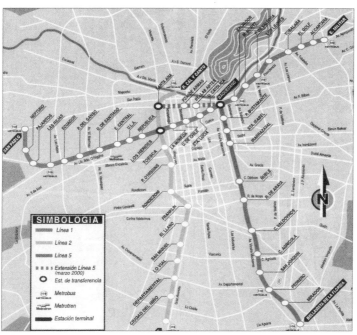

산티아고 시내
전철 노선 안내도

인사말 스페인어 한 마디

아침인사 ━ 부에노스 디아스(Buenos dias)
낮인사 ━ 부에노스 따르데스(Buenos tardes)
저녁인사 ━ 부에노스 노체스(Buenos noches)

안녕하세요 ━ 꼬모 에스따(Como esta)
감사합니다 ━ 그라시아스(Gracias)
천만에요 ━ 데 나다(De nada)

미안합니다 ━ 꼰 뻬르미소(Con permiso)
또 만나요 ━ 아스따 마냐나(Hasta manana)
건배 ━ 살루드 (Salud)

네 ━ 시(Si)
아니요 ━ 노(No)
안녕 ━ 아디오스(Adios)

4

이스터 섬

칠레 본토에서 3천7백6십km. 산티아고에서 서쪽으로 하늘을 날아 5시간 반. 타이티에서는 4천km나 먼 곳에 위치한 남태평양 남회귀선 바로 아래 이스터(Easter)섬은 가장 가까운 이웃 섬까지도 1천9백km나 떨어져 있어 문자 그대로 '절해의 고도'라 할 수 밖에 없는 곳.

선입견 때문이었을까, 한적할줄 알았던 공항을 나왔을 때 자동차와 사람들로 북적댔던 거리의 첫인상은 전혀 뜻밖이었다.

우리가 흔히 알고 있는 이스터섬을 스페인어로는 파스쿠아섬(Isla de pascua)이라 하고 현지인들은 라파누이(Rapa Nui) 또는 테-피토-테-헤누아(Te-Pito-Te-Henua)라 부르고 있다.

하늘로 땅으로 바다건너 수만리 길, 외딴 섬 이스터를 찾은 까닭은 두말할 것도 없이 거석상 모아이(Moai)의 수수께끼와 오롱고에 서린 전설의 신비를 쫓아 보고 싶어서다.

언제부터 얼마나 와보고 싶었던 이곳 이었던가. 마타베리(Mataveri)공항과도 머지않은 항가로아(Hanga Roa) 마을은 이스터 섬에서 가장 크고 번화한 중심지격인 다운타운이건만 끝에서 끝까지 구경삼아 걸어봐도 1시간이면 족할 자그만 마을이었다.

랜트카, 오토바이 랜탈, 자전거 등 교통편은 넉넉한 듯 비교적 친절하고 불편이 없는 가운데 말(馬)을 이용할 수도 있었으니 진작 승마를 배웠더라면 '말탄 사나이'가 될 수도 있었으련만 그냥 보고 지나치려니 아쉽기도 하다.

동서 15km, 남북 10km에 총면적 165㎢인 세모꼴의 이 섬은 원주민 6백여명을 포함해 인구 약 2천명이 살고 있다. 섬 전체를 한바퀴 돌아본다 해도 150리길 60km에 불과하다니 어림잡아 강화도의 절반쯤 되는 것같다.

지금은 사화산이므로 푸른 목초가 지표를 덮고 있으나 아마도 동, 서, 북 세방향 모서리에 각각 해발 3백~5백m정도 (북한산 쪽두리바위와 비봉 수준)의 야트막한 산봉우리가 자리하고 있는 것으로 보아 그 언젠가 해저 화산이 폭발하면서 생겨난 섬 임에 틀림이 없다.

제주도나 울릉도처럼 큰 산이 우뚝하지도 않고 기암괴석이 다투어 뽐내는 곳도 없이 그냥 평탄한 듯한 구릉 지대를 삶의 터로 삼아 고기도 잡고 가축도 기르며 고구마, 사탕수수, 옥수수, 토란, 감자, 무화과, 호박, 멜론, 포도 등 밭농사를 지으면서 살아가고 있는 사람들.

너무나 멀리 멀리 떠나왔다는 고정관념 때문이라서 그런지 처음엔 지구촌 밖 외계(?)를 찾아온게 아닌가 하는 엉뚱한 생각이 자꾸 들기도 하였으나 그것은 잠시의 착각일 뿐 사람 사는 곳은 세계 어느 곳이나 똑 같은게 참으로 신기할 따름이다.

조그만 배들이 손짓하는 바닷가 선착장에 이어 우리네 일상에서 늘 함께 하고 있는 올망졸망한 선물가게와 슈퍼마킷, 옷가게, 스넥코너, 베이커리, 토산품점들이 나란히 있고 학교,

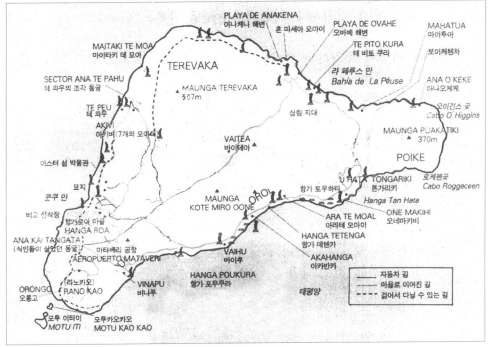

놀이터, 교회, 주유소, 병원, 우체국, 여행사에 노점상들도 고
스란이 거기 있었다.

세모꼴 화산섬.
꿈에 그리던
이스터 아일랜드
안내 개념도.

　와룡선생 서울 구경하듯 어슬렁 거리다가 시내를 조금 벗
어나 왼쪽으로 태평양의 망망대해를 끼고 한마장쯤 걸었을
까

　묘지를 지나니 '이스터 아일랜드 박물관'이란 푯말이 보
인다.

　맑고 맑은 물결이 저만큼에서 찰랑 대고, 뜨락엔 이름 모
를 새들이 손님이 온줄도 모르고 저히들 끼리 조잘 대느라
바쁘기만 하다. 바닷가 전망좋은 곳인데 반하여 시설이나 규
모는 그냥 소담스런 정도일 뿐 크거나 장엄하지는 않다.

　비록 우기(雨期)중에 비바람이 몰아친다 하더라도 발품을
팔아야 하는 내일부터의 일정에 앞서 이 사람들의 민속과

역사를 한눈으로 짚어 볼 수 있는 곳, 전시실엔 이들의 지나온 삶과 애환이 깊이깊이 배어 있는 부장품과 돌칼, 돌도끼 등 일상 용품, 장식품, 완구, 생활도구 그리고 싸움터에서 사용했을 법한 무기들도 가지런하다.

특히 세계 어느 곳에서도 보기 드문 상형문자가 새겨져 있는 나무 목책이 그곳에 있었음은 뜻밖의 놀라움이었다.

가운데 방 진열장 속에서 우리를 쏘아 보고있던 동그랗고 새하얀 '모아이의 눈'과 마주쳤을 땐 순간적으로 놀란 가슴이 콩닥거림을 억제할 수 없었다. 죄 지은바는 없었으나 너무 뜻밖의 생소한 왕방울 눈망울의 경외스러움 때문이었을까?

장장하일의 석양은 어느새 수평선을 빨갛게 물들이면서 하루해가 바닷 속으로 가라앉으려 한다.

이렇게 해서 밤의 장막이 까맣게 내려 앉으면 영겁의 세월동안 밀려왔다 부서져 버리는 파도소리 외엔 아무 소리도 들리지 않겠지. 아직 밤의 적막이 아닌데도 별 하나가 유난히 반짝이며 인사를 청한다.

아마도 남십자성임에 틀림이 없을 것같은 예감이다.

내 어렸을 때 동화 속에서 매일 밤 그려 보았던 남쪽나라 아기별 공주님이 살고있을 꿈에 별 남십자성.

아 - 그 하늘 밑 첫 동네에 와 있다니……

칠레 하면 이스터 섬이고, 이스터 섬하면 모아이 상으로 생각이 틀에 박혀있는 가운데 유일하게도 바다를 바라보며 나란히 서있는 7개의 모아이상을 책자에서 많이도 보아온 터라 오늘은 그곳부터 먼저 찾기로 했다.

이스터 섬을 만들어낸 3곳의 사화산은 동남쪽 끝에 푸아 카티키(Pua Katiki)가 있고 남서쪽엔 라노 카오(Rano Kao)가 있으나 북쪽에 있는 마웅가 테레바카(Maunga Terevaka)가 규모나 높이에서 맏형답게 제일 크다.

아침 인데도 바람이 제법 세차게 몰아 친다. 발 아래로 파랗고 빨간 야생화 무리가 해일처럼 일어나 거대한 파노라마를 일으킨다. 바닷가 거친 들에서 살아있는 것은 오로지 바람 뿐인 것같다. 마치 생명이라도 일깨우려는듯 대지를 몰아 친다.

하기야 이 고요하고 적막한 들판에서 바람마저 없었더라면 얼마나 외롭고 더 쓸쓸했을까.

해발 507m인 마웅카 언덕 중간쯤 황량한 목초지 가운데서 만난 모아이는 오늘도 바다 건너 어딘가를 하염없이 바라보고 있다. 적어도 수백년 동안 온갖 풍상과 비바람을 견디며 수평선 너머 외로운 하늘만 바라보면서 이들의 역사를 고스란히 지켜왔을 7인의 모아이 상.

이름하여 '아키비(Akivi)의 모아이' 석상과 첫 대면인 셈이다.

가늘고 긴 팔뚝에 머리와 몸통만 있고 목과 하반신이 없는 배불뚝이 사나이들. 어쩌면 저리도 제주도의 하루방을 자꾸 생각나게 할만큼 비슷한 이미지를 띄고 있을까.

그쪽은 조금 순한듯 왕방울 눈이 튀어나온 영감인데 반해, 이쪽은 약간 심각한듯 움푹 들어간 서양 사람의 눈매가 퀭 – 할뿐 무표정인지 애틋한 기다림인지 아니면 연민의 그리움인지 그냥 그렇게 동감의 표정과 모습으로 서있다. 처절한 슬픔 만이 가득 고여있는 듯, 무언의 마주침은 세월과 시간을 잠시 멈추게 한다.

1960년에야 뒤늦게 윌리엄 무로이 등 고고학자들에 의해 처음으로 제자리를 찾아 이런 모습으로 복원, 오늘에 이르고 있다니 그나마 다행 이라고나 할까. 복원 당시 모아이의 뒷편에선 또다른 석조와 함께 사람의 뼈가 다수 발견되므로써 한 때는 공동묘지로 이용되었던 곳이 아닐까 하는 추측도 난무했었다고 한다.

7개의 모아이들은 그 옛날 이곳을 지배했던 호투마투아(Hotu matua)왕의 전설에 나오는 7인의 사자를 상징한 것이 아닌가 설왕설래 한 적도 있었다는데 모아이가 바라보고 있는 시선 끄트머리 쯤 바다 건너엔 '히바'라는 이름의 섬이 실제로 존재하고 있다는 설명이다.

또한 모아이들이 응시하고 있는 방향은 공교롭게도 하루 중 낮과 밤의 길이가 똑 같은 춘분과 추분날 해떨어지는 방향과 일치하고 있다는데 그렇다면 그 옛날 모아이를 세운 사람들은 천문학적인 이치까지도 동원할 수 있었던 문명인

이었을까? 그래서 혹자들은 잉카 사람들의 이주설까지 들먹이고 있는걸까.

1722년 4월 어느날.

네델란드 해군 '야곱 로케벤'제독이 남태평양을 항해 하던 중 지도에도 없는 외딴섬을 발견하곤 그곳으로 가까이 다가간 순간 그는 놀라움에 입을 다물 수 없었다고 한다. 망망대해 속의 콩알 만한 작은 섬에 엄청난 거인석상(巨人石像)들이 수도 없이 세워져 있었기 때문이다.

아키비 7인상의 첫 만남. 금방, 제주도의 하루방을 연상케 했으나 그도 아닌것이 자꾸만 헷갈리게 한다.

그들이 섬에 도착한 날이 마침 부활절(Easter Day)이었으므로 자기들끼리 '이스터'라고 부르기 시작한 것이 오늘날 이스터섬의 이름이 되었다고도 하는데 토박이 원주민의 말로는 '라파누이'라 불리던 이곳에 그 당시엔 5천여명이 살고 있었다는 기록이고 보면 지금보다 오히려 더 많은 사람들이 꽤나 번성했었다는 얘기가 된다.

'라파누이'의 어원이 '큰 육지'라는 뜻에서 유래하고 있다면 혹여 지금은 사라져 버린 땅 '아틀란티스'와 무슨 관련이라도 있는 것일까?

어떤 연유였는지는 두고두고 수수께끼로 남을 수밖에 별

도리가 없겠으나 문명을 이룬 주인공은 사라지고 그들이 남
긴 자취 만이 입을 꼭 다문채 오로지 바다를 향한 응시 외
에는 어떠한 힌트도 없이 향수에 젖은 듯 수평선만 바라보
고 있다.

저 많은 석상들이 입을 열지 않는 한, 그들에 얽힌 신비의
사연은 오늘도 묵묵부답일 수밖에 어찌할 도리가 없단 말인
가. 참으로 무정(無情) 함이다.

상상을 넘어버린 거석 모아이

거대한 모아이가 섬 전체에 무려 1천여 개나 산재하고 있다
는데 어제 본 아키비의 7인상 만이 바다를 향해 있고 나머
지는 모두가 약속이나 한 듯 바다를 등진채 줄줄이 서있는
저 많은 석상(石像)들은 도대체 언제 누가 왜 세웠을까?

어떤 학자들은 신상(神像)이라기 보다는 위대한 추장이나
성직자의 모습을 조각했을 것이라고도 했다. 왜냐하면 이곳
원주민들의 오랜 의식 속에는 죽은 조상님의 영혼을 부르면
그 혼백이 얼마동안 석상에 들어와 살면서 자기들 부족이나
후손들의 삶의 터전을 지켜준다고 믿으며 살아왔다고 한다.

정성껏 모셔진 거대 석상은 어김없이 아후(ahu)라 부르는
4각의 제단 위에 가지런히 올려져 있다.

제주 하루방과는 또다른 모습으로 다가온 오늘의 모아이
들, 움푹 들어간 눈 위에 이마는 툭 튀어 나왔고 코는 매부

리코였으며 귀는 부처님 귀처럼 큰 반면 얇은 입술은 꼭 다
문채 침묵 그 자체다.

　모아이를 받쳐주고 있는 받침대는 곧 조상의 영혼을 모신
반석이란다. 아후 하나의 크기가 길이 5십여m에 높이와 넓
이가 우리들의 키를 훨씬 넘어 3~5m씩이나 되는 것도 있었
으니 더욱 가상할 일이다. 애석하게도 본래의 모습을 잃은채
흙속에 반쯤 묻혀버린 아후가 있는가 하면 마치 모자를 쓴
것처럼 머리 위에 붉은 돌을 얹고 있는 모아이도 있다. 그런
원형 본래의 모습이 이제는 몇 개 남아있지 않아 이 사람들
조차 매우 아끼고들 있다고 한다.

　석상을 만들던 곳이라고 전하는 해발 150m인 사화산 분화
구에는 석공들이 일하다 말고 잠깐 자리를 비우기라도 한
것 처럼 돌을 떠내다 만 자취가 고스란히 남아 있고 미처
다 완성하지 못한 미완의 석상들이 백여 개도 더 널려있다.
흡사 우리나라 화순땅 운주사의 와불을 처음 보았을 때 느
꼈던 그런 심사였다고나 할까.

　저 모아이들이 몽땅 일어서는 날 지상 낙원과도 같은 세
상이 도래할 것이니……. 그렇게 속삭일 것만 같은 모아이의

표정에서 뜬금없이 미륵불을 마음 속에서 보았다면 믿어줄
까. 그 가운데에는 길이가 2십여m에 무게가 5십톤이나 됨직
한 거석(巨石)도 있었으며 분화구 밖에도 여기저기 꽤나 많
은 돌덩이들이 산비탈 아래까지 흩어져 있다.

석상 중에는 분화구에서 아주 먼 곳에 세워진 것도 있었
는데 도대체 그 무거운 것을 어떻게 옮겼으며 어떤 방법으
로 받침대(ahu) 위에 올려놓을 수 있었는지 도무지 감이 오
질 않는다.

섬을 아무리 살펴봐도 큰 나무가 자랐던 흔적이 없었으니
통나무 위에 올려놓고 굴렸을 것같지도 않은데 도대체 누가,
왜, 언제, 어떻게 만들었으며 그들은 언제, 어디로, 왜 사라졌
을까? 그 옛날엔 지금처럼 기중기도 없었을 터인데 머리 위
의 붉은 돌모자는 어떻게 얹었느냐 말이다.

또 바람이 인다. 저 바람에 모아이의 모자가 날아가기라도
하면 어쩔까, 노파심 이려니 하면서도 몹시 걱정스럽다. 그
바람이 잠시나마 더위를 식혀줘 고맙다. 삼라만상을 무너뜨
리고 소멸시키는 것이 바람의 역할이기는 하지만, 일으켜 세
워 생명화 하는 것 또한 바람이 아니던가.

바람은 비를 몰고 다니는 풍력(風力)이다. 우기(雨期)티를
내려는지 또 한 차례 비가 오려나 보다. 그래서 바람을 생명
의 원천이라고 했을까. 나 또한 내 인생의 바람을 일구기 위
해 어쩌면 여기까지 왔는지도 모른다.
....

하늘의 무지개를 바라보면

내 가슴은 뛰누나

나 어린 시절이 그러했고

다 자란 오늘에도 마찬가지리

....

윌리엄 워즈워스의 〈무지개〉 싯귀다.

바다에 걸친 이스터 섬의 무지개는 천상의 구름다리 인가

눈이 시리도록 아름답다.

제 3 의 시 간

참으로 허겁지겁 쉴새없이 거닐고 달려보는 요즘(昨今)이다. 기회가 만만치 않은 남미 여행이니 만큼 한시 반시라도 쪼개고 아껴 한걸음이라도 다리품을 더 팔면 그 만큼 시야를 넓힐 수는 있다.

그런데 여기가 어디인가, 지구촌에서 가장 멀리 떨어진 곳. 망망대해 한 가운데에 외로이 떠있는 섬 하나.

비록 세계 제3차대전이 일어난다 하더라도 별로 상관이 없을 것 같은 제3의 나라(?) 이방의 세계가 아닌가.

내 한몸 아무리 서두르길 원한다 해도 여기서는 그것이 용납되지 않는다. 바쁘고 싶어도 바쁠 수도 없거니와 바쁠 필요도 없다. 왜냐하면 이 곳에서는 이 곳 만이 갖는 제3의 시간이 별도로 존재하기 때문이다.

저 멀리 육지의 세계로 날아가고 싶다 한들, 또 오고 싶다
한들, 오래 전부터 미리미리 정해진 예약이 아니고는 가지도
오지도 못하는 별 세계다.

정신분석 학자 '에리히 프롬'이 말한 대로 한가롭다는 것
을 '여가 신경병'으로 정의하고 많은 현대병의 뿌리로 귀결
시킨 것은 이 땅이 아닌 저 넘어 육지 사람들에게나 해당돼
야 할 이론인 것같다.

그래서 대륙에 사는 현대인들은 남녀노소를 가릴 것 없이
한가함을 느긋하게 참지 못하고들 안달인가 보다. 지난 반세
기 동안 인류의 삶의 속도는 200배쯤 늘었고 욕망의 넓이는
300배 이상 커졌다고 한다.

술도 한 잔에 취할 수 있는 폭탄주로 고속화되고, 사랑도
거추장 스러운 연애과정의 증발로 즉석화되었으며 우리네
식탁엔 인스턴트 식품이 차고 넘친지 오래다.

아니, 세계화의 총성 없는 전선이나 '낙오되면 죽는다' 라
는 자본주의의 잔인함과 함
께 초고속 광케이블과 인터
넷도 모자라 몇억분의 1초로
시간 단위까지 세분하는 '나
노' 시대가 전개되고있다. 이
제껏 더 빠르지 못해 연구하
고 안달을 냈던게 사실이었
으나 지나치게 너무 빨라진

저자의 두 번째
자화상.
하늘과 땅과
사람사이,
제3의 시간 속에
느림을 배워본다.

것이 사람들의 심리와 정서에 부담을 주었을까.

아니면 그렇게 좋아했던 '스피드'가 포화 상태에 이르렀을까. 그 반동으로 '슬로우'가 고개를 들기 시작했다니 그것은 신선하고 다행한 충격이 아닐 수 없다.

지나치게 앞 만을 바라보고 달리는 사람에겐 두루두루 다양한 생각을 할 수 있는 여유로움이 아무래도 부족하기 마련이다. 밤이면 어둠 속에서 천천히 고개들어 하늘의 별도 쳐다보고 낮에는 바쁜 틈새라도 대지의 향기를 들이키며 잠시의 여유와 더불어 사는 것도 아름다운 삶의 한 방편일텐데 말이다.

손오공이 제 아무리 바삐 날고 뛰어도 부처님 손바닥 이었듯이 여기서 또한 뛰고 또 뛰어봤자 둘레 60㎞ 안에 든 이스터 섬일 뿐이다. 좀더 가나 여기 이렇게 앉아 있으나 섬, 돌, 야자수 그리고 모아이가 전부다. 오랜만에 밀려드는 오수의 부스러기들을 털어내면서 주섬주섬 일어나긴 했지만 서둘러 보았댔자 오십보 백보 인 것을…….

에어컨보다 부채 바람이라야 신바람 임이 새삼스런 가운데 휘적휘적 바람 드는 도포자락이 그리워지는 오늘이다.

느린 '상령산' 한가락으로 운을 떼기 시작하여 서서히 박자를 더해가는 '영산회상' 한바탕을 듣노라면 한 시간 정도는 오히려 너무 금방이라 아쉬웠었다.

그것은 시간이 사람을 따랐음의 순리인 즉, 사람이 시간을 쫓아 간건 아니었다.

로마에 가면 로마법을 따르라 했던가.

여기 이스터 섬에 고즈넉이 살아있는 제3의 시간은 억겁을 이어온 하늘과 땅과 사람 사이의 자연의 시간이다.

동방의 나그네, 부족한 이 몸은 다만 입향순속(入鄕順俗)일뿐, 이유가 무슨 소용이랴.

귀가 얼마나 커서 장이족?

옛날 옛적 이 섬에는 두 종족이 살고 있었는데 한 종족은 귓볼에 구멍을 뚫고 줄을 꿰어 무거운 추를 달고 살았기 때문에 귀가 축 늘어져 길었으나 또 다른 종족은 귓볼에 추를 매달지 않았으므로 상대적으로 귀가 짧아 보였다고 한다.

귀가 큰 장이족(長耳族)은 귀가 작은 단이족(短耳族)보다 머리가 좋고 힘도 세어서 섬을 다스렸으나 어느날 두 종족이 동서로 갈려 싸우기 시작, 횟수를 거듭하면서 서로 죽이고 죽임을 당하면서 대량 학살과 식인(食人)축제로까지 이어져 모두가 공멸하고 만다.

이런 전설을 귀담아 들으면서 몇가지 사례를 추리해 본다면 모아이 석상이 하나같이 길고 큰 귀의 모습을 하고 있다는 것은 장이족이 단이족을 노예처럼 부리며 석상을 만들어 놓은건 아닐까 하는 추측이다.

그리고 또 한가지, 분화구 주변에 만들다가 만 미완의 석상이 수백 개나 나뒹굴고 있었던 사실은 어느날인가 석상

만드는 일이 하루 아침에 갑자기 중단
될 만큼 천재지변에 가까운 큰 재앙이
일어났으리라는 짐작도 계속 꼬리를
물게 한다. 좌우간, 장이족이나 단이족
이나 그들은 도대체 누구였을까가 더
욱 궁금한 일이다.

　1947년 뗏목을 타고 남태평양 8천km
를 가로지른 탐험가 '헤이에르달'은
10년간의 연구 끝에 다음과 같이 이스
터 섬을 설명하고 있어 학계의 관심을 쏟게 한일이 있었다.

목은 어디메고
귀만 저리 클까?
사람의 키보다
더 큰 장이(長耳)의
모습이 경이롭다.

　……

　그들은 4백년 전 남미 페루에서 건너온 잉카족이다.
　스페인군에게 쫓겨 바다로 도망친 사람들이 이 섬에까지
건너와 폴리네시아 계통인 토박이 단이족을 지배했다.
　잉카인들은 뛰어난 솜씨와 앞선 문화로 페루땅에서 이룩
한 거석문화(巨石文化)의 솜씨를 망명지인 이곳에서 모아이
로 또다시 승화시킨 것이다.
　……

　글쎄, 거석문화라는 공통점에서 보면 그럴지도 모르긴 하
다.
　머나 먼 이곳 이스터 섬에서 이런저런 상념 끝에 연전에
다녀온 인도기행이 겹쳐 생각났음은 왜서일까?
　인도와 네팔에서 만났던 사람 중에는 귀를 크게 하고 싶

어 안달을 부리고 있던 남녀의 모습과 수많은 불상의 주인
공들 귀가 유난히 컸던 기억 말이다.

그중, 후에 부처님이 되신 싯달타 고다마는 히말라야 소왕
국에서 태어났으며 그는 힌두사회의 오랜 관습에 따라 귀밥
에 무거운 추를 달아 장이(長耳)를 했다고 들었었다. 그렇다
면 장이는 곧 동서를 막론하고 귀족 또는 지배계급 임을 알
리는 표시요 상징이었던 모양이다.

옛 고분 등에서 많은 황금유물이 쏟아져 나온 잉카와 스
키타이 또는 우리나라 3국시대의 경우를 보아도 숱한 부장
품 중 화려한 귀걸이는 가장 많이 출토된 유물 중 하나이며
그 다양성에서 으뜸이었다.

말하자면 귀걸이는 단순한 장식품이 아니라 왕 또는 귀족
등 높은 신분을 나타내고자 한 상징적 표시였던가 보다.

귀가 컸으니 장이족이었음엔 틀림이 없었겠으나 이들의
옛 사회구조와 장이의 연계성은 어떻했을지, 또 그 틈바구니
에서 단이족의 존재는 어떤 관계였는지 내일도 모래도 지켜
보며 생각을 정리해 볼 일이다.

추적추적 비까지 내리고 있는 오늘은 오직 한 가지 생각
만으로 머리를 좀 식혀 보아야겠다.

'예술의 성취는 인간이 바라는 바의 표현'이라고 했던가?

장식예술 또한 그 시대가 추구했던 바를 가장 훌륭하게
표현하고 싶은 결정체 임에랴……

오롱고를 찾아 라노카오(Rano Kao)로 가는 길은 돌멩이가 수북한 자갈길이었으나 뛰다가 걷다가 콧노래까지 중얼거리며 다리 아픈 줄도 모르고 걸었다. 그 길은 분명 딴 세상이었다.

두어시간 쯤 지났을까. 언덕배기에 올라섰을 땐 천지사방이 온통 바다일 뿐 아무 것도 거침이 없는 가운데 남태평양의 거센 바람만이 어제처럼 윙—윙—거린다.

예전같으면 함부로 접근하기 조차 터부시돼온 성역(?)이었으나 원시부족들이 살았던 53개의 석실과 5백여개의 바위그림이 발견되면서부터 지금은 모두가 개방된 관광명소로 더 유명해진곳 오롱고(Orongo) 곳이다.

모아이가 무너지기 시작할 무렵 이곳에서 벌어졌던 '마케마케 신앙'과 '조인 의례'의 등장은 신성한 사면의식의 일환이었다는데 세월따라 그 모양새가 점점 변형되기 시작, 지금은 1년 기한의 신성한 조인(Birdman)을 선출하는 민속행사로 성격이 바뀌어 해마다 그 날이 오면 온 동네가 축제 때문에 북새통을 치른다고 한다.

조인행사의 주관자는 마타토아라는 전사계급으로써 그들은 각각 자기 부하를 한사람 씩 지명하여 바다 가운데 떠있는 모투누이섬까지 수영으로 건너가 마누타라(군함조)의 알을 가지고 오는 경기로써 군함조의 알을 머리 위에 묶은 바구니에 넣고 오롱고까지 되돌아 와야 하는데 가장 먼저 골인한 부족의 전사가 이듬해 그날까지 1년동안 종교적 사회적 권한을 상징적이나마 일부 나눠갖는 조인으로 지명된다.

그렇게 해서 우열이 가려진 전사는 머리를 깎고 신관이 내린 백단나무 조각과 적색의 나무껍질 천을 팔목에 묶으면 그것이 곧 조인이 되었음을 징표하였고 그렇게 선택된 자는 섬 사람들의 숭배를 받는다.

또 별도의 은거지로 옮겨지고 정해진 화로에서 끓인 것 외에는 어떤 음식도 입에 대지 않는 가운데 밖에도 함부로 나다니기를 삼가며 엄중한 금기에 쌓여 신성한 생활을 하다가 죽은 후에도 일반인과는 달리 별도의 의식에 따라 납골되었다고 한다.

선조로부터 성스러운 힘이라 여긴 '마나'를 부여 받았던 귀족들과는 달리 신흥세력인 전사들이 조인 행사로 하여금 그나마 권력의 일부를 나눠받을 수 있었다니 꽤나 합리적이고 민주적인 삶의 일부분이 아니었나 짐작해 본다.

물론 옛 이야기에 불과하지만 그 사실을 오늘날까지 전해주려는 듯 오롱고곳 끄트머리엔 새머리를 닮은 조인의 형상을 부조로 새겨놓고 세계의 사람들을 불러들이고 있다.

작은 민속이지만 자기들만의 것을 독특하고 신성하게 잘 살려 나간다면 그것이 곧 국제적이요 세계 제1의 자랑거리가 될 수 있음을 웅변하고 있다.

케빈 코스트너가 주인공 이었던 영화 '라파누이'는 바로 이런 이야기와 줄거리를 소재로 삼아 이곳에서 촬영한 영화다.

캐빈 코스터가
주연한 영화
'라파누이'의
화면을 가득
메웠던 원주민
메스띠소
여인의
고혹적인
춤사위.

신비에 쌓였던 영화 속의 오롱고를 생각하면 지금 여기서 유유자적 어슬렁거리고 있다는 사실 하나 만으로도 감격이 아닐 수 없다. 꿈만 같다. 몸이야 천근만근이지만…….

"이리 오너라 - 게 아무도 없느냐?"

"오롱고의 전사를 속히 불러 들이도록 하라."

"짐이 요즘, 격무에 심(心)이 허(虛)한지라"

"군함조 알이 심허에 특효라니 내 그것을 한알 먹고 싶구나"

"………."

그렇게 먼 바다를 향해 허풍까지 떨어봤지만 대답은 간데가 없다. 바다 바람이 끈적끈적 몸에 붙는다. 이럴 때 소나기라도 한줄기 퍼부어 준다면 군함조 알보다 약 효험이 더 크고도 남을텐데…….

이 섬에 모아이상 말고도 오롱고 조인들의 이런 민속이 고스란이 살아있다는게 참으로 기쁘고 내 일처럼 대견스럽기까지 하다. 역시 자기 만의 것이 세계 제일의 것임을 엿볼 수 있음이다.

인류 역사상 가장 매혹적인 미스테리는 어느날 갑자기 사라
져버린 문명의 잔영이다. 마야와 아즈텍의 유적을 접함에 있
어 더욱 그러함을 느낀다.

천문학까지 꿰뚫으며 그토록 장엄하고 주도 면밀한 구조
물을 세웠던 사람들이 왜 갑자기 사라져 버렸단 말인가.

한 시대 문명의 소멸은 다른 사건, 예를 들어 공룡의 멸종
과 같은 현상보다 훨씬 더 우리에게 인상적이다.

사라진 문명의 궤적이 아무리 이질적인 다른 나라 것이라
하더라도 그 구성원은 결국 우리와 같은 인간이지 않은가

오늘을 살고 있는 우리들 역시 사라진 문명의 주인공들처
럼 똑같은 운명을 겪지 말란 법은 어느 누구에게도 예외일
순 없는 일이다. 어쩌면 북경의 자금성이나 뉴욕의 초고층
마천루까지도 그 흔적만이 남아 잡초에 뒤덮이게 될지 아무
도 모를 일이기 때문이다. 마치 앙코르 왓트나 티칼사원 혹
은 치첸이사 처럼 말이다.

그런 모든 사라진 문명들 중에서 이 섬의 초기 폴리네시
아 사회는 그 불가사의 함과 고립성에 있어 다른 문명들을
압도하고 있다. 이는 섬의 곳곳에 남아있는 거대 석상들과
그것을 만들고 다듬어 세웠던 사람들에 연관되어 더욱 확대
된다.

1722년에 이 곳을 제일 먼저 발견한 로케벤이나 1774년에
여기까지 왔던 제임스 쿡 선장은 원주민들의 엉성한 카누를
처음 보고는 해안에서 멀리 나가 고기잡이 조차 할 수 없을

정도였다고 기록했으며 섬 주민들은 바다 건너 다른 세계에 인간이 존재한다는 사실조차 모르고 철저하게 고립된 채 살고 있었다고 추정했었다.

그런 상황 속에서 뭍에 올라 난데없는 석상을 보고는 "모아이의 모습은 우리를 너무나 놀라게 하였으니 이는 어떤 기구를 만들 수 있는 큰 통나무도 없을 뿐 아니라 튼튼한 밧줄을 만들 재료조차 없는 이 사람들이 어떻게 저런 거대 석상을 세울 수 있었는지 도저히 이해할 수 없으며 더구나 수레바퀴나 짐을 끌만한 큰짐승도 기르고 있지 않았던 사실에 크게 경악을 금치 못했다"고 기록하고 있다.

그렇다면 이스터 섬은 본래부터 어느 것 하나 자랑할 것이 전혀 없는 불모의 버려진 섬 이었단 말일까?

그것은 결코 그렇지 않음일 것이다.

수많은 세월동안 차츰차츰 나무들이 베어 없어지고 작아졌을 것이며 아무도 마지막 남은 한 그루의 통나무가 쓰러지는 것을 알지 못했을 뿐이다.

이제, 이스터 섬이 우리에게 의미하는 바는 너무도 명백하다. 이 섬이 마치 지구의 축소판인 것같다는 생각에서 말이다. 1888년 칠레 정부에 복속된 후 지금까지 해마다 점점 증가하는 주민수 때문에 그나마 남아 있는 자원이 자꾸만 부족해져 가고 있다는 이스터 섬.

이 사람들이 무

우리의 역사상 가장 매혹적인 미스테리는 갑자기 사라져 버린 인류문명의 잔영이 아닐까?

작정 바다로 나갈 수 없는 것 처럼 지구촌 인류 또한 우주로 도망갈 수도 없는 것 아닌가. 좌우간 분명한 사실하나는 해(年)가 지나면 지날수록 이 섬이나 이 지구상에는 작년보다 조금 더 많은 수의 사람이 금년에 존재할 것이고, 그 전년보다 조금 적은 자원이 올해에 남을 것 이라는 사실이다.

그렇게 세월이 가고 또 가면 우리의 후손들이 다시 우리 나이쯤 됐을 때 지구상의 주요 어장들과 열대우림 그리고 에너지원과 식량의 텃밭인 많은 토양이 줄고 또 줄어들 것은 불을 보듯 뻔한 일이 아닐까.

누가 말 했던가 '인류의 위기는 인간이 전혀 알아차리지 못할 만큼 서서히 다가오는게 특성' 이라고.

5

안데스

비올레따의 생의 찬가
세계 산의 해
밤깊은 산중문답
인디오들의 이야기 ❷
기한 없는 묻지마 적금
너무 너무 긴 나라

비올레타의 생의 찬가

이스터 섬에서 동으로 5시간, 갈 때보다는 기분으로나 실제로나 훨씬 수월하고도 조금 빠른 시간에 다시 산티아고에 닿았다. 마치 먼 곳으로 나들이 갔다가 고향찾아 되돌아온 느낌이다.

두번째 밟으니 구면이라서 일까, 낯설지 않은 산티아고가 마냥 정겹다.

칠레에서의 마지막 일정은 안데스(Andes)를 오르는 일이다.

그리고 거기서 두어밤 묵어보는 거다. 오랜 만의 산행이기도 하거니와 낯선땅 전혀 엉뚱한 방향과 지형지물이 또한 새롭다. 여기는 지구 남반구, 북반구에서 온 촌놈은 따뜻하게 햇살 드는곳이 남향일까 북향일까를 가지고도 얼른 대답을 못했으며, 남쪽으로 내려가야 따뜻할 터인데 더욱 춥고 꽁꽁 얼어붙어 있을꺼라는 사실을 받아 들이는데도 여간 힘이 들지 않았다.

결국 펭귄을 만나려면 북쪽이 아닌 남향을 찾아 내려가야만 볼 수 있다는 초등학생 실력을 동원하고서야 끝을 내곤 한바탕 웃었다. 해발 4천m 안데스에 숨어있는 잉카 호수를 찾아가는 길은 길고도 멀었다.

서울은 한여름 인데 이곳은 한겨울이기 때문에 농작물이 거두어진 들녘은 황량하게 텅 비어있다. 눈녹은 계곡물은 힘차게 흘러 다행이었으나 산들은 화산재를 뒤집어 쓴양 민둥산에 돌산이 대부분이다.

마을을 벗어나자 인가조차 드물다. 경치 좋은 산골 모퉁이
나 굽이진 계곡 사이에 숯불돼지갈비나 민물매운탕집 하나
쯤 있을법도 하건만 그냥 텅 빈채 태고적 돌과 물이 저들
스스로 흐를 뿐이다. 해발 3천m를 넘으면서 차가 힘들어 할
때 쯤 먼산 어디선가 햇살이 얼음산에 반사되었는지 섬광처
럼 번쩍인다.

이곳 사람들은 말문을 닫고 사는지 차내가 너무 조용하다.
그렇게 6시간 반을 달려간 그곳엔 마치 백두산 천지인 양,
아니 그 보다는 중국 우루무치에서 만났던 천산천지를 쏙—
빼닮은 잉카 호수가 미동도 없이 기다리고 있었다.

주위의 고봉들은 만년설에 꽁꽁 얼어있고, 호수 주변은 얼
음과 쌓인 눈으로 백설이 만건곤하다. 파카를 꺼내입고 장갑
도 찾아 낀다. 그리고 현지 안내인을 따라 호수 건너 봉우리
를 한바퀴 돌기로 했다. 말이 간단하여 한바퀴 이지 그것은
대단한 모험의 등반이라고 해야 옳을 일이었다.

왜냐하면 제대로된 길 보다는 간단없이 뚝뚝 끊어진 단애
의 벼랑이 도처에 도사리고 있었기 때문이다.

십리도 못가서 발병이 난 것은 아니었으나, 피켈, 헬멧, 고
글, 비브람에 열두발 아이젠 등 최소의 기본 동계 장비는 갖
추었어야 옳았을 길이
었는데 트레킹의 연장
선상으로 가볍게 생각
했던게 시행착오의 연

해발 4,000m의
잉카호수를
찾아나선 굽이굽이
오름길은 가도가도
끝이 보이질 않는다.

속이다.

롯지까지 되돌아 오는 길은, 오를 때보다도 더 힘들게 한다.

햇살이 얇아지자 기온이 금방 내려가 젖은 손가락이 절인 듯 아리다. 네발짜리 아이젠은 북한산에서나 소용이 닿는 물건이지 여기서는 자꾸 빙빙 돌아 오히려 발목을 위협한다.

온몸으로 박박 기어 원점으로 돌아왔을 땐 눈물 콧물에 땀까지 범벅이 되어 목덜미에서 김만 무럭무럭 솟는다. 명경지수가 따로 였던가. 호수의 물을 두손으로 쥐어 세번을 퍼 마셨더니 오장육부가 시원하다 못해 얼어붙는 것같다.

현지인, 미국인, 유럽인 등 일행 모두가 아무 탈 없이 제자리로 돌아온것 만으로도 오늘 하루를 감사히 마감하자며 서로를 위로는 하였으나 기쁨이나 안도의 눈빛은 어느 누구에게서도 찾을 수가 없다. 사랑하는 사람이 그의 가슴팍에 한번 안겨 보려다가 영락없이 퇴짜 맞은 실연자의 심정이 아마도 이러할까?

안데스의 품이 저토록 넓고 높고 크거늘 우리는 지금 오두마니 그를 쳐다만 보고있을 뿐이다.

목이 마르다. 매점에서 물어보니 우유팩처럼 생긴 종이 용기의 포도주는 일반 쥬스보다 오히려 값이 싸단다. 쥬스 한 모금 보다야 포도주 한잔이 훨씬 좋았으니 꿩 먹고 알 먹고가 따로 없지않은가.

벽난로 앞에 둘러않은 이 나라 젊은이들이 재잘대며 키타

치며 노래를 부른다. 알아들을 수 없는 저들만의 음악이라
그 내용을 알 수는 없었지만 끼리끼리 읊조리는 풍이 옛 조
상 인디오를 그리는 칠레 메스띠소들의 애절함인 양 귓가에
서 맴돈다.

그리고 얼마후 내 귀를 의심케 하며 쏙,쏙, 들려오는 노래
소리에 하마트면 탄성을 지를뻔 했으니 그것은 비올레따의
노래 'Gracias a la Vida' 즉 '생의 찬가'가 아닌가 말이다.

소상히는 모르지만 불꽃 같은 정열로 뿜어냈던 그녀의 노
래는 조국 칠레보다 오히려 유럽에서 더 명성을 얻었으며
가수이자 작곡가이며 민족시인 이라고 귀동냥해 들은 바 있
다.

삶을 앞서 살아가는 가수들은 대개가 자기 노랫말 처럼
살다가 홀연히 떠나 간다고들 하는데 비올레따 역시 생의
찬가에 자신의 회한을 깊이 깊이 담아놓고 권총 한방으로
스스로를 마감 하고 말았다.

......

삶에 감사 한다네
나에게 참으로 많은 것을 주었으니까
웃음도 주었고, 눈물도 주었다네
그래서 나는 행복과 슬픔을 구별할 수 있다네
나는 이 두가지로 내 노래를 만든다네
그대들의 노래가 내 노래요
우리 모두의 노래는 바로 내 노래라네

삶에 감사 한다네

내게 참으로 많은 것을 주었다네

……

더듬더듬 따라 불러 보았더니, 젊은이들 엄지 손가락을 치

켜 세우며 포도주잔을 높이 든다.

나도 따라 잔을 든다.

생의 찬가에 지구촌 나그네도 오늘밤 따—봉이다.

세계 산의 해

산에서 산을 생각함은 당연한 일.

지난 겨울 강원도 점봉산 아래 진동리 마을에서 정월대보

름 맞이 대동굿에 참여한 일이 있었다.

달집 태우며 국태 민안과 마을의 안녕에 건강을 비는 고

사가 한판 어우러진 것까지는 좋았으나 그 다음 순서가 백

두대간 보존을 위한 액막이 굿으로 이어졌을 땐 잠시 어리

둥절했었다.

사연인 즉 점봉산을 망가뜨리는 양수발전소가 그곳에 건

설되고 있다는 슬픈 이야기였다. 댐이 들어설 범막골은 1백

년 이상된 신갈림이 너무나 수려한 천연 보호림인데도 현재

대규모 산림 훼손이 진행중이라 머잖은 날 백두대간이 두

동강 날 위기에 처해있어 이를 막아보자는 소원을 발원코자

함이었다.

아니나 다를까 그때 현장을 목격한 우리 일행 1백여명은 시뻘겋게 속살이 들어난 참담한 공사현장을 보고 너무나 가슴 아프고 기가 막혀 백두대간을 보존해 달라고 하늘 우러러 간절히 기도 했었다.

백두대간(白頭大幹)은 백두산 장군봉에서 지리산 천왕봉까지 1천4백여km에 걸쳐 장쾌하게 뻗어내린 우리 민족제일의 국토대동맥이 아닌가. KOREA라는 한 나라의 지형과 생태계의 핵심축이며 언어와 풍속을 가르는 지표(指標)가 돼 왔었다.

산양, 반달곰, 사향노루, 멧돼지가 넘나들고 살쾡이, 수달, 소쩍새가 뛰놀며 소나무, 전나무, 떡갈나무가 울울창창한 보고, 사람으로 치면 등뼈와도 같은 그런 국토대동맥을 인간의 이해와 편리에 따라 개발이라는 미명 하에 밀어 부치고 산허리를 자른다면 영원한 불구의 신세됨을 후세의 자손들에게 어찌 물려줄 수 있을 것인가.

산은 60억 지구인 모두의 어머니이다. 인간은 애초에 산에서 터를 닦고 식량을 취하며 생을 이어왔다. 옥수수는 멕시코 시에라산에서 구했고, 사탕수수는 에티오피아의 고원에서 얻었으며 감자는 바로 이곳 안데스 산 중에서 구한 생명의 식품이다. 어디 식량 뿐이던가.

그 보다 더 소중한 물이 또한 산에서 샘솟지 않으면 어디에서 구해 한 모금인들 마실 수 있으랴. 그런데도 세계의 산은 지금 하루가 다르게 망가지고 있다는 우려의 목소리가 높아만 가고있다.

　1950년부터 90년까지 40년동안 인구 1백만 이상의 도시가 78개에서 300개로 늘었고, 1900년부터 지금까지 1백년동안 세계 인구는 2배로 증가했으며 물 수요는 6배로 늘었다고 한다.

　이런 추세라면 2050년쯤엔 인구 1인당 하루 물소비량 50 *l* 를 얻지 못하는 심각한 물부족사태에 시달릴 것이라는게 학계의 전망이다.

　지구 온난화 현상은 더욱 산의 생태계를 어지럽히는 원인 중 하나라는데 1백년 전에 비해 유럽 알프스의 빙하가 반쪽밖에 남지 않았다는 통계이고 보면 예사일이 아님은 분명한데 세계 도처의 숲들은 지금 이시간에도 개발사업의 굉음 속에 나라마다 경쟁적으로 지표에서 걷어내지고 있다니, 그렇다면 앞으로의 전망은 더욱 어두울 수밖에 없다.

　왜냐하면 이러한 추세가 1백년이상 더 지속될 경우 지구 기온이 2~3.5℃이상 오를 것은 자명한 결과이며 만약 지구 기온이 3℃ 올라가면 산의 생태 한계선이 해발 500m이상 상승하므로 결국은 그만큼 우리 인간의 삶의 터전인 경작지가 자꾸만 좁아지

안데스 산사람 부부가 평화롭게 양떼를 몰고 있다.

므로 이곳 안데스의 농부들은 2백여종의 토종 감자를 심고 가꾸기 위해 산꼭대기의 척박한 땅을 향해 어이없이 자꾸만 기어 올라가야 한다는 얘기가 된다.

아무리 생각해도 그것은 인류의 절망이라고 생각했는지 쟈크 듀프 UN식량 농업기구 사무총장은 키르키즈의 아카예프 대통령이 제안한 의견을 받아들여 2002년을 '세계 산의 해'로 선언하고 산을 보호, 보존하므로써 인류의 미래를 밝게 하는 방법을 모색중이라고 하니 불행 중 다행이다.

2002년이 왜 산의 해인가? 에 대한 자상한 해답을 그 선언문 에서 이렇게 말하고 있다.

......

산은 바다만큼 생명으로 가득차 있으며 적도의 밀림만큼 인간의 복지에 필수적이다. 산에서 물을 얻어 작물을 기르고 전기를 생산하고 음용수를 마신다.

산은 또한 갖가지 동,식물들이 사는 곳이다. 산은 문화적 다양성이 가득찬 곳으로 언어의 수호자이며 전통의 저장고이다. 다양한 인간과 자연으로 이뤄진 군도(群島)를 보호하기도 한다.

산은 약한 반면 사납고, 아름답기도 하지만 잔인하기도 하다.

매우 다양한 그 속에서 우리는 가난하지만 숭고한 정신을 발견하기도 한다. 그래서 우리 모두가 그 산을 보호하고 유지해야 하는 길을 찾아야 한다. 또 그 문화를 강화하고 가난과 기아를 몰아내야 한다. '세계 산의 해'의 목적은 단순하면서도 야심차다. 산의 생태계의 지속적인 발전을 도모할 수 있도록 산 사람들의 복지를 보장하자는 것이다. 이를 위해서는 평화와 식생활이 선행되어야 한다. 산악지대는 무력 갈등의 본거지이자 세계에서 가장 가난하고 결핍된 인구가 사는 곳이기 때문이다.

우리가 어디에서 왔건, 태어난 곳의 산이 높건 낮건간에 인간은 모두 산사람들이다. 우리는 상상했던 것 이상으로 모두 산에 의존하고 있으며 산과 연결되어 있어 산의 영향을 받는다.

......

안데스의 밤이 자꾸만 깊어간다.

산에 들면 인간은 누구나 철학자가 된다고 했던가.

신령스러운 산기운이 휘-휘- 창문을 두드린다.

산중의 밤은 땅에서 보다 이르다.

산중의 밤은 땅에서 보다 고요와 적막이 크다.

그런 밤에 호숫가를 거닐어 보는 건 풍류요 멋이다.

밤의 나래 속에 묻힌 천지(天池)는 동양이나 서양이나, 지구 저쪽이나 이쪽이나 미동도 하지않는 모양새가 똑 같다.

어설피 달려 들었다가 추위 때문에도 고생이 막심했던 낮일을 생각해 내피까지 있는 방한복으로 차려 입었으니 추울 염려 하나는 떨친 셈이다. 널찍한 바위가 있어 홀로 앉아 있으니 도원경에 든 신선이 제격이다.

이화에 월백하고 은한이 삼경인제
일지춘심을 자귀야 알랴마는
다정도 병인양하여 잠못들어 하노라.

뜬금없는 싯귀가 가슴에 내려와 앉는다.

이곳이 어디인가, 안데스 깊은 산록 그 속에 숨어든 잉카 호수가 아닌가. 이럴때 판소리 한 대목 쯤 내지를수 있었으면 얼마나 멋있을까? 느린 진양조로 시작해 중모리, 자진모리, 휘모리로 감아치는 소리 한 대목을 여기다 풀어놓을 수 있다면 점입가경이고도 남음일텐데 말이다.

모든 시간이 멈춰진 이곳, 지구의 공,자전조차 정지된 지금, 오랜만에 정막과 부동의 시간여행 속으로 스스로를 던져 본다. 언제부터인가 광케이블이 생활 속에 파고들면서 시간의 개념조차 많이 달라져 버린 오늘의 현실.

밤낮없는 경쟁과 불같은 질주의 관성에 삶을 내맡길 수밖에 없는 요즈음, 마음편히 물가에 나와 앉아본 일도 벌써 오래다. 잠시나마 한가로이 머물 겨를이 없으니 호숫가인들 어떻게 찾아나설 엄두를 낼 수 있었으랴.

시간, 공간, 인간─
틈새, 존재, 여유─

원시에는 단순히 밤과 낮만이 존재했었다. 농경시절의 아침, 점심, 저녁으로 살았던 '12지 시대'를 거쳐 산업화사회로 접어들면서 하루가 24시간으로 세분화되었다.

그러나 지금은 세계의 정보망이 클릭 한번으로 지구를 몇 바퀴씩 획─획─ 도는, 문화도 경제도 시간도 속도에 운명을 걸고 있는 쾌속 시대에 살고 있다.

먼산 한번 바라보고 돌아서면 어느새 세월은 저만큼 비켜 서있고 새로운 유행이 코앞에 밀려와 어제의 나를 낯설게 한다. 그래서 가끔씩 아니 어느땐 시도 때도 없이 깜짝 놀라곤 머쓱해 진다.

시간(時間)이란 때와 때의 사이를 말함이다. 곳과 곳의 사이는 공간(空間)이고 사람과 사람의 사이가 바로 인간(人

間)이다.

　사이란 틈이고 여유일진데 틈새가 존재해야만 시간이요 공간이며 인간이라는 단어가 구성된다.

　틈새도 여유도 없이 너무 빨리 변하는 노도와 같은 시대의 물결에 불안을 느낀 사람들은 무리 속에 어울려 뒹굴면서도 마음은 늘 허전하고 외롭다.

　그러면서 모두들 바쁘다고 난리다. 아이도, 어른도, 남자도, 여자도 '한가하게 죽을 시간조차 없다'고 야단법석이다. 우리 옛 속담에 '달도 차면 기운다'고 했던가.

　바쁘다는 사람들의 푸념이 늘어나면서 온 세상이 포화상태가 되었는지 요즘들어 의식전환의 기류가 서서히 싹트고 있다는 건 역설이지만 기쁜 소식이다.

　'느림'이라는 화두를 던진 프랑스 시인의 책이 세계 독서계에 잔잔한 파문을 일으키고 있음이 그것이다. 느림의 의미는 게으름이나 무력감이 아닌 부드럽고 우아하고 사려깊은 삶의 방식을 말하고 있음이다. 차제에 빨리 빨리로 국제사회에 인식이 굳어져 버린 'KOREAN'의 오명도 한번 벗어 보았으면 좋겠다.

　하산길에는 느긋하게 고개 들어 하늘빛도 바라보고 대지의 향기도 들이 키면서 안데스를 마음껏 호흡하고 싶다.

　느리지만 결코 흐트러지지 않고, 은근과 끈기, 품위와 멋, 여유만만의 심성으로 우아하게 말이다.

문화란 하나의 왕조나 나라와는 근본적으로 달라서 하루 아침에 형성됐다가 어느날 갑자기 사라지는 것이 아니라는 것을 우리는 잘 알고있다.

멕시코에서 접했던 아즈텍과 마야를 비롯하여 여기 안데스 산록에 터를 일구어 온 고대 잉카문명은 엄연히 현존하고 있는 이들 만의 독특한 문화다.

과거를 고찰하며 오늘을 바라본다는 역사의 기본 명제를 차치하고라도 라틴 아메리카의 고대 문화에 대한 트레킹 학습이 날이 갈수록 흥미로운바 여간이 아니다. 따라서 땀흘려 워킹하고 있는 발걸음들은 단순히 잊혀진 옛날 이야기의 수집이 아니라 살아 숨쉬며 꿈틀거리는 생명을 얻어보고자 함이다.

이 땅을 정복한 유럽인들이 전에 알지 못했던 새로운 사람들을 낯선 땅에서 마주했을 때 그들이 품었던 첫번째 의문은 "이들의 조상은 누구일까?"라는 원초적 의구심 이었다고 한다.

그 문제에 대하여 지금까지 알려진 여러가지 추측 중 두가지 설이 나름대로 전해지고 있으니 그 하나는 성경에 나오는 이스라엘의 잃어버린 '열개 지파'가 이곳에 와 문명을 일으켰다고 믿는 것이다. 그들이 여기까지 오게 된 경로를 아직껏 분명하게 설명해 본 일은 없으나 가톨릭이 국교인 스페인 사람들에게 있어 성경을 통해 이들의 새로운 존재를 풀어 보고자 했음은 당시의 엄격하고 신성불가침이었던 종교적 분위기로 미루어 볼 때 당연한 발상이었을 것 같다.

또 다른 추정으로 아틀란티스라 했던 바다 속으로 가라앉아 버린 제3의 대륙 후예들이 표류하다가 이곳에 발붙임으로써 원주민이 되었다는 얘기인데 그러한 막연한 주장들만 있었던 것은 아니다.

16세기 말, 몸소 이 땅에 건너와 메시까에서 잉카까지 두루 여행하며 체험으로 견문을 넓힌 다음, 글로 써 남긴 '호세 데 아꼬스따' 신부의 '원주민들의 자연과 인간의 역사'라는 자료에서는 '유럽이나 아시아 혹은 아프리카 대륙을 거쳐 이미 수만년 전에 떠돌이 유목민들이 아메리카 대륙에 들어와 살기 시작하였다.

이들은 바다보다는 육지를 통해 들어왔을 확률이 높다' 라는 주장을 내놓아 오늘날 가장 많은 이해를 얻고 있으나 그 당시의 상식과 사회적인 분위기로 볼때는 "그래도 지구는 돈다"고 고집했던 갈릴레오 갈릴레이의 지동설(地動說) 만큼이나 획기적인 사건이었을 것같다.

그후 20세기에 접어들면서 이 분야에도 체계적이고 학문적인 연구가 본격화 되어 고고학, 언어학, 인류학, 민속학, 역사학 등 다양한 연구 결과를 토대로 탄생한 것이 남방인류 유입설과 북방인류 유입설이었다.

전자는 태평양 상의 폴리네시아쪽 섬에서 사람들이 이주해 왔을 것이라는 주장인데 이는 세월의 흐름 속에 점점 목소리가 작아진 반면, 몽골리아 계통이 베링해를 건너 따뜻한

우리는 정녕 남이
아닌가요?
인디오 아저씨
에우세비오(좌)와
함께.

곳을 찾아 남하했을 것
이라는 북방인류 유입
설이 정설로 굳어져 가
고 있는 추세임은 교과
서에서 배운 바다.

　설은 설로써 족할 수밖에 없으나 결국 위에서 말한 여러
가지 설(說)중에서 아직까지 가장 설득력을 유지하고 있는
마지막 얘기를 믿어 의심치 않는다면 우리나라 사람들과 이
곳 안데스를 어머니의 품으로 여기며 터를 이루고 사는 인
디오들은 먼 옛날 우리 조상과 한 형제, 한 혈육이었다는 얘
기가 된다.

　따라서 이러한 천지동근(天地同根)의 기원을 가진 양쪽
사람들은 아무리 멀리서 각기 살아왔다 한들 당연히 체질적
인 공통점을 갖고 있음이 자명한 결론이다. 아니 심성까지도
다를리가 있을까 싶지 않다.

　스물아홉이라는 호세군이나 마흔여섯살된 에우세비오씨를
봐도 영락없이 그렇다. 검은 머리, 황색 피부, 까만 눈동자에
툭 튀어나온 눈두덩, 찢어진 눈자위, 광대뼈의 모양새, 그리
고 엉덩이 꼬리뼈 부근의 파란 멍자욱 몽고반점!

　게다가 팽이 치고, 제기 차고, 잣치기 하며 노는 아이들의
모습이나 절구질하고, 챙이질하고, 도리깨질하고, 홀태로 곡
식을 훑으며 살아가고 있다는 이들의 열가지 백가지 풍습들
까지 아무리 이야기를 나눠봐도 도무지 남이라는 생각을 도

리질 하게 만든다.

순박한 웃음 속에 드러난 누런 빛깔의 막대형 이빨까지 어쩌면 우리를 이렇게 닮고 있는지 볼수록 신기하다.

'다 해도 씨 도둑은 못한다 더니······'

우리가 남이 아닌가요? 에우세비오 아저씨?

기한 없는 '묻지마 적금'

나는 오래 전부터 적금을 하나 붓고 있다.

특이한 것은 딱히 몇 년짜리 라고 기한이 정해진 것이 아니라 그냥 훗날을 위해 쓸 요량의 몫이라는 점이다. 그래서 꼬치꼬치 묻지말라는 얘기다.

아직은 돈도 시간도 부족하지만 조금 더 저축하고 나서 돈과 시간에 여유가 넉넉하면 그때 요긴하게 찾아쓰고 싶은 적금이다. 따라서 지금 붓고 있는 적금은 은행에 갈 필요가 전혀 없는 성질의 것이다.

그것은 이른 아침 자리에서 일어나 1시간 정도 순수하게 자신을 위해 투자하는 시간과 운동이다. 수영을 기본으로 하고는 있지만 여의치 못할 때는 한강 둔치를 뛰어보기도 하고 학교 운동장을 빙빙 돌기도 한다. 지금처럼 여행중에는 명상과 요가로 대체하고 있다.

명상은 나를 반성하고 주위를 돌아보며 사려깊게 생각하도록 이끌어 주어 좋고 보건체조 수준이기는 하지만 요가는 쌓인 피로를 풀어주기도 하거니와 몸의 밸런스를 유연하게 해주는 것 같아 얼마나 개운한지 모른다.

인간의 생노병사(生老病死)를 의학이나 종교적인 여러 면으로도 설명할 수 있겠으나 비전문가인 입장에서 보면 유연함의 정도로 설명할 수도 있음이다.

왜냐하면 어린아이 적에는 말할 수 없을 만큼 유연하던 몸의 밸런스가 점점 자라고 커서 어른이 되면 자꾸 뻣뻣해지다가 결국 노년에 이르러선 나무토막 처럼 뻣뻣한채 관 속으로 들어가고 만다. 그런데 이러한 삶의 한 싸이클이 몸이라는 육체에만 국한될 리는 없다.

정신세계 또한 마찬가지로 나이 들수록 자기 생각 속에만 딱딱하게 갇혀 있던 생각이 노년에 이르면 노욕에 옹고집까지 겹쳐 빡빡한 경우를 자주 본다. 자기 것은 선이고 남의 것은 악이며 내가 아는 것 이외의 것은 모두가 부당(?) 하다고까지 생각이 굳어버리고 마는 경우를 우리는 종종 목격하며 산다.

그것은 유연성을 잃은 뻣뻣한 육체가 결국 관 속으로 들어갈 수 밖에 없는 이치와 한치도 다를 바가 없다.

그래서 오늘 아침도 적금을 드는 요량으로 물구나무를 선다.

거꾸로 선채 세상을 바라보면 처음에 거꾸로 비추었던 이상한 모습들이 시간의 흐름과 함께 차츰차츰 아름다운 모양으로 변하기도 한다.

짧은 시간이지만 그 사이에 바뀌어지는 정신적인 유연성
의 실험 결과가 아닐까 싶다.

거꾸로 바라본 안데스 산 중의 영험함 탓이었을까?

명상중에 지나가고 있는 생각 한 자락을 붙들어 본다.

……

청산도 절로절로, 녹수도 절로절로

산절로 수절로, 산수간에 나도 절로

……

산도 자연이고 물도 자연이며 이산과 저 물 사이에 살아
가는 우리도 또한 자연이라는 애기일게다. 자연을 읊은 수많
은 시조 중에서 가장 함축미가 뛰어난 노래로 늘 입가에 담
고 살았던 '하서집의 자연가' 한 대목이 물구나무 선 세상
에서 왜 그토록 자연스럽게 흘러 나왔는지 모를 일이다.

너무나 깊이 들어온 태고적 신비의 안데스 산록이 잠시나
마 사바 세계와 별리를 더해주었는가 보다.

산이 깎이어 허물어지고 숲이 망가져 새들이 떠나고 강물
이 자꾸 말라가고 있는 그 빈자리에 사람 만이 덜렁 남아
무엇을 어쩌자는 것일까.

자연이 소멸된 황량한 공간에서 컴퓨터와 TV와 자동차와
휴대폰이 있은들 사람이 온전하게 살아갈 수는 없음이다.

푸른 생명체가 각박한 가운데 무표정한 도구들 만이 넘쳐
나는 환경에서
인간이 자연스럽

청산도 절로절로,
산수(山水)간에
나도 절로—

게 태어나고 자라고 늙고 제명 대로 살다가 잘익은 열매가
스스로 가지에서 떨어지듯 자연스럽게 죽을 수도 있겠는가
그 말이다.

 아서라, 필부들은 오늘의 적금을 위한 물구나무 행진에나
더욱 정진해 볼 일이다. 적금이 만기가 되면 건강한 몸과 마
음으로 더 멋진 세계를 가꿔보고 싶다. 그래서 뻣뻣하게 굳
지 않은 '한마당 마음밭'에서 다양하고 많은 사람들이 오손
도손 쉬어 갔으면 좋겠다.

 적금은 열심히 붓는 자의 몫이다.

 적금은 중도해지 하면 손해 라고 했다.

 ……

 靑山自然自然, 綠水自然自然

 山自然水自然, 山水間我亦自然

 ……

너무 너무 긴 나라

안데스를 내려오면서 마주친 색다른 경험에 여러 번 박수갈
채를 아끼지 않았다. 오늘 밤이면 칠레를 아웃하는 날이기도
하여 괜히 아쉬움이 많은 터다. 처음 이곳을 기획할 때는 이
스터섬의 모아이만 제대로 볼 수 있다면 더할 나위가 없겠
노라 했었으므로 이제 하산하여 곧장 페루로 날아간다 한들
지진 공포에서 벗어나 이 만큼이면 만족스러운 여정이다.

오후 한나절 내내 하산길이 전혀 지루하지 않았던 것은 5살 때 부모 따라 여기로 이민와 칠레 국립대학 스페인어학과 4학년 졸업반이라는 28세 젊은 엘리트 미스터 리(李)를 운좋게 만나 푼타 아레나스 이야기를 들을 수 있었기 때문이다.

세상에나 라틴 아메리카 지구 최남단 그 곳에도 우리 동포가 살고 있어 다섯차례나 방문했었다는 영화 같은 이야기는 나그네를 꼼짝없이 사로잡기에 충분했다.

1520년 겁없는 탐험가 마젤란은 대선단을 이끌고 대서양을 사선으로 가로질러 남미대륙 끝까지 왔다. 대서양에서 태평양으로 빠져나가는 길목엔 죽음의 신이 도사리고 있다는 드레이크 해협, 남미대륙의 창 끝처럼 뾰족한 남단과 남극대륙 사이를 말함이다.

그 죽음의 해협을 용케도 빠져나와 태평양으로 연결되는 새 항로를 개척하였으니 그것은 당시로써 역사를 바꾼 대사건으로 이후 지금까지 그곳을 '마젤란 해협'이라 칭하고 있다.

그 해협가에 쪼그리고 앉아 있던 조그만 어촌마을 푼타 아레나스는 그 때부터 오뉴월 장마철에 호박순 자라듯 부쩍부쩍 커졌다는데……

그러나 그 영광도 잠깐 1914년 남북미를 잇는 잘록한 곳 파나마에 운하가 개통됨으로써 하루 아침에 마젤란 해협에는 배들의 발길이 끊어지고 푼타 아레나스는 기생 띠난 술

집에 손님이 끊어지듯 썰렁하게 변하여 그 효용가치를 잃고
말았다. 하지만 세상 만사 새옹지마라고 했다던가, 그 대신
뱃길이 뜸해지자 고기떼들이 더 많이 몰려들기 시작, 끝까지
남아 있던 사람들에게는 어업이 풍성해져 파시를 이루게 된
곳.

  그런 외딴 곳에 우리 동포 노승만(54)씨 일가족이 배 2척
으로 어업에 종사하며 뱃길 끊어진 마젤란 해협에서 지금도
살고 있다니 신기하고도 신통한 일이라는 생각에 당장이라
도 일정을 조정하여 남쪽으로 날아가 보고 싶다.

  그러나 미스터 리의 조언에 의하면 지금은 때가 아니라며
극구 말린다. 그곳은 지금(4~9월)이 혹한기라 여러 지역이
결빙되어 도무지 자유스럽게 돌아다니기 조차 불편하므로
오는12~2월쯤 온화하고 따뜻한 날씨에 기화요초가 만발하
는 여름날 다시 오면 정말 기가 막힐 것이란다.

  푼타 아레나스는 남위40도 아래
칠레와 아르헨티나 국경이 인접하고
있는 남극 접경지구 파타고니아 지
역에 속해 있다.

  한국산악회 허영호 악우가 10여년
전 걸어서 남극점 탐험에 도전했을
때 푼타 아레나스를 전진기지로 삼
았었던 기억이 오늘따라 새록새록
머리를 스친다.

하산길에서 만난
인디오 여인.
사랑스럽게
알파카를 안아
올리며 어서
사진을 찍어
달란다.

　　바로 그 곳에 산악인이라면 누구나 한번쯤 등정하고픈 명산이 있으니 남미대륙의 척추 안데스 산맥이 뻗어내려 마지막으로 용틀임하며 솟아오른 산 '파이네 봉'이 거기 있다.

　　천년 만년 쌓인 눈이 빙하가 되어 서서히 미끄러져 내려오다가 호수를 만들고 강을 만들고 폭포도 만들어 놓은 곳, 남미에서 가장 아름다운 산이라고 정평이 나있다. 남쪽에서 불어오는 찬바람은 산자락의 눈가루를 흩날리고 핑고호에 둥둥 떠내려 온 빙산 조각들은 해맑은 햇살에 파랗게 물들어 보석처럼 반짝거린다는데, 아? 그곳 푼타 아레나스여 조금만 기다려 다오. 내 얼른 다시 한 번 다녀 가리다.

　　비록 세계에서 가장 긴 나라를 모두 섭렵하지는 못하였지만 마치 남북 일만리를 가고 오며, 오고 간 듯 영화의 한 장면처럼 모두가 눈앞에 선해 온다

　　칠레, 그 이름 만으로도 정이 묻어나는 곳.

　　하지만 나그네는 늘 이별 연습을 해둬야 하는 법.

　　잘 계시오 미스터 리, 뜻있는 학업 잘 마무리 하시고 큰 사람 되어 이 나라와 우리나라가 공존공영하는데 크게 기여해주기 바라오 "나는 너의 뿌리요, 너 또한 나의 뿌리"라고 일러주신 〈화엄경〉의 연기론이 아니더라도 '우리'는 이미 '우리'가 아닙니까

　　안녕, 길고 긴 나라 칠레여!.

　　Chau !, Gracias CHILE !.

6

리마

겁부터 준 고도 리마
티코가 왕, 아르마스 광장
신토불이 대통령
나스카의 미투나
페루의 보물 황금 박물관
쿠쵸, 쿠추, 고추

거부터 준 고도 리마

남미 대륙 안데스 산맥을 끼고 태평양과 아마존에 걸쳐 있는 페루(PERU)는 찬란한 잉카(Inca)문명을 꽃피웠던 곳으로 세계인의 발길이 끊임없이 이어지고 있는 매력적인 나라다. 얼마나 보고 싶었던 곳인가를 머릿 속에 그리며 이렇게 비행할 수 있다는 자체 만으로도 참으로 행복하다는 생각에 조상님께 우러러 감사한 마음을 다듬고 있는데 뉴스 속보가 자막으로 떠오른다.

'페루 남부 2일째 지진 발생'

"오, 마이 갓!"

"이를 어쩐담, 지진이라니!"

혹시나 잘못 전해진 뉴스이기를 은근히 기대하면서 이 나라 사람 인듯한 옆자리 신사에게 확인해 보았더니 역시나 그것은 어제 있었던 실제 상황이었다고 한다. 주택 열대여섯 채가 붕괴되고 30여채는 반파되었으며, 사상자 다수와 이재민이 4백여명에 이르렀다는데 아직도 간헐적인 여진(餘震)이 남아 있어 대피소동까지 벌어지고 있다는 얘기다.

겁에 질린 듯 안색이 하얗게 변하자 그 모습이 안되었던지 "하지만 리마는 노 프러블럼"이라며 한마디 덧붙인다. 자기나라에 관한 이야기 때문이었을까, 괜히 미안한 듯한 표정이다.

이럴 땐 심각하게 재고 삼고를 해봐야 하는건지 그것조차 가늠이 서지 않는 기내 인지라 다만 답답할 뿐이다. 생각이 언짢은 쪽으로만 자꾸 달음질을 치더니 기억하지 않아도 괜

146

찮을 생각까지 꾸역꾸역 비집고 나와 페루에 대한 이미지를 자꾸 흔들어 머리를 심란하게 만든다.

어느 분의 저서 〈걸어서…〉라는 책엔 남미편 체험담을 이렇게 적어 놓았었다.

'페루에 가서 도둑맞지 않았다면 거짓말'이라는 제하에 페루의 대도시나 관광지, 특히 리마에는 좀도둑이 득실거려서 물건을 잃어버렸다는 여행객들의 이야기를 매일 들을 수 있다. 아무리 조심해도 훔쳐가려고 작정한 놈에게는 못 당하는 법. 열 사람이 도둑 한 놈 못 지킨다는 말도 있잖은가? 그러니 무엇을 잃어버렸나 보다 어떻게 잃어버렸나가 우리 여행객에게는 더 큰 관심 거리가 아닐 수 없다.

예를 들면 길거리를 걷고 있으면 한 사람이 뒤에서 등에 샴푸나 아이스크림 따위를 뿌리고 지나간다. 그러면 다른 사람이 당신 등 뒤에 뭐가 잔뜩 묻었어요 하며 친절하게 닦아 주려고 한다.

이 쯤되면 십중팔구 배낭이나 가방을 내려놓고 뭐가 묻었나 등 뒤를 살펴보는데, 그 사이 또 다른 사람이 내려놓은 물건을 몽땅 집어들고 삼십육계.

……중략……

좀 더 고수들은 손에 돈을 꼭 쥐고가도 손을 펴서 돈을 낚아채 간다느니,

리마공항에서 짐을 싣는 동안 우리나라 국적기업(SamSung) 홍보판이 멀리서 '힘내라'고 손짓한다.

걸어 가는데 어린 도둑의 조그만 손이 바지 주머니 속으로 들락날락 한다느니, 좋은 구두를 신고 가면 한 사람이 등 뒤에서 몸을 번쩍 들고 앞에서 다른 사람이 구두를 벗겨간다느니, 길거리를 걸어 가는데 끼고 있던 선그라스를 벗겨간다느니, 여자들의 귀고리를 낚아 채느라 귀가 찢어졌다느니.

……중략……

푸노에서 쿠스코로 오는 버스에 무장강도가 나타나 여행객들의 돈과 귀중품을 몽땅 털어갔다는 미국의 개척시대 서부극에나 나올 법한 얘기도 실제로 현장에서 미화 5백달러를 털린 프랑스 친구에게 들었다. 6개월 동안 남미를 여행한 사진작가가 리마를 떠나기 하루 전날 필름이 든 가방을 도둑맞아 신문방송에 대문짝 만하게 낸 광고도 보았다.

'이유 여하 묻지 않겠음, 필름 찾아주시는 분께 1천달라 후사'

……하략……

바로 그런 곳으로 지금 날아가고 있다.

'모르면 약, 알면 병'이라더니 비행시간이 얼마 남지 않은 만큼 상대적으로 걱정이 자구만 더 커진다.

밤이나 낮이나 목에 걸고 다니는 주머니도 불안의 대상일까.

여권과 달러($) 몇 푼을 꺼내 전대로 옮겨볼까 싶은 생각에 허리띠를 푸는 순간, '제발 좀 꾹 참고 진정하라'는 무언의 사인이 온 몸에 전율처럼 흐른다.

"그렇다면 그런거지 뭐……" 하는 무심파(無心派)류가 이럴땐 상책이다.

배낭이든 소지품이든 건강이든, 아니 지진이든 천지개벽이든 좌우간 조심 조심 또 조심은 해야할 일이겠으나 지레 겁부터 먹을 일은 아니다. 페루땅 이 나라도 옛부터 '뼈대있는 나라' 였는데 설마하니 자기나라 사랑하여 멀리 동방에서 찾아온 양반님을 지진 따위로 실망이야 시킬려고…….

무심이고 유심이고 '인생만사 일체 유심조' 라고 하지 않았던가.

페루공화국(Republic of Peru)은 우리나라와 14시간 늦은 시차로 남한의 13배에 달하는 면적 129만㎢에 인구 2천 6백만명이 에콰도르, 콜롬비아, 칠레, 볼리비아, 브라질과 국경을 맞대고 있다. 해발 5천m급 안데스(Andes)산악 지대가 있는가 하면 코스타(Costa)해안과 셀바(Selva)열대우림 지대가 다양하게 분포되어 있다. 주로 산악인 극지성 극한지역 25%와 다습한 해안지역 15% 외에 국토의 절반이 넘는 열대성 혹서지역이 60%나 되고 있어 브라질을 동서로 꿰뚫고 지나가는 아마존의 발원지가 또한 이 곳임을 말해주고 있다.

B.C 3천여년 전부터 인류의 흔적을 갖고 독자적인 문명을 이루고 있었으나 외부에 알려지기 시작한 것은 스페인에 식

민지화 된 16세기 경부터다. 잉카제국 시대인 1532년 신대륙을 찾아 건너온 스페인의 프란치스코 피사로(Francisco Pixarro, 1474~1541)에 의해 정복당함으로써 식민지가 되었으나 독립지도자 산마르틴 장군이 이끄는 신진세력이 스페인 왕당파를 물리치고 1821년 공화정으로 독립하였다.

공항에서 시내로 들어가는 바깥 풍경은 어쩐지 산만하게만 느껴진다. 날씨 또한 후덥지근하고 칙칙한 것이 겨울이었던 칠레와는 전혀 다른 계절임을 실감케 한다. 마구잡이로 달리며 매연을 있는 대로 다 뿜어대는 자동차들의 열기가 혹혹 달아 오른다.

불과 얼마전에 끝이 난 듯 대통령 선거전에 쓰였음직한 벽보와 현수막, 그리고 담벼락 공간이 있는 곳에 어김없이 써 놓은 선거용 페인트의 글귀들 'PERU 2000', 'PERU Posible', 'Somos PERU' 등등 무엇을 말함인지 대충 짐작이 가는 가운데, 외신을 통해 눈에 많이 익은 'TOLEDO' 와 'ALAN' 이란 후보 이름들이 곳곳에 많이도 남아 있다.

시내까지 들어오는 공항로 한시간 길이 몹시 어수선하다.

피로회복엔 벗고 씻는게 최고 숙소에 들어 샤워를 하다 말고 내친 김에 밀린 빨래까지 초스피드로 주물러 널었더니 개운하기가 그만이다. 지진이 어떻든 좀도둑이 어떻든 지구가 반쪽이 난다 해도 나그네는 뚜벅뚜벅 제 갈길을 걸어갈 뿐 기본 스케줄에 선택의 여지가 있을순 없다.

아르마스 광장은 구시가지 중심으로 시청과 대성당 그리

대통령궁앞
아르마스거리를
가득 메우고 있는
자랑스러운 우리의
티코(영업용)
자동차 행렬.

고 대통령궁
이 거기에 있
다. 사람이 많
은 곳에서는
차조심 주머

니조심 사람조심 좌우간 조심이 최고라고 했다. 광장 한켠에
기마자세의 피사로 청동상이 옛모습 그대로 용맹을 자랑하
고 있는 것을 보니 정복자임에 분명하건만 아직껏 함께 공
존공생하고 있음이다.

프란치스코 피사로가 잉카의 수도 쿠스코를 버리고 이곳
에 신도시 리마를 건설하면서 직접 자기 손으로 주춧돌을
놓았다는 페루 최고(最古)의 대성당도 거기 있었으며, 그 날
이 1535년 1월 18일이었기 때문에 지금도 매년 1월 18일은
'리마시 건설의 날' 이라고 한다. 그 즈음 1551년에 설립한
남미에서 가장 오래된 산마르코 대학과 1563년에 건축한 역
시 남미 최고의 극장도 현대식 고층 건물 사이에서 고즈녁
이 공존하고 있어 묘한 회한을 자아내게 한다.

성당 지하엔 일반인들도 들어가 볼 수 있도록 개방하고있
는 시설에 약 7만구의 유골을 전시하고 있어 페루의 카타콤
베(Catacombs)라고도 이름하고있다. 죽어 시신이라도 이곳에
와 잠을 자야했던 저 많은 인디오의 영혼들에겐 말못할 사
연들도 하고 많을텐데 그 케케묵은 인골 조차도 가끔씩 도
난사고가 잇따르고 있다니 이는 또 어떤시각으로 해석해야

하는것인지 돌아나오는 발걸음이 무겁다. 무더운 날씨였지
만 그래도 바깥 세상이라 밝고 환한 것이 냄새도 밍밍한 지
하세상보다는 훨씬 좋다.

　광장을 미음자(ㅁ)로 오가는 차량들이 제멋대로인 가운데
서울에서는 이제 거의 볼 수 없게된 대우차 티코(TICO)가
연이어 줄줄이 밀려왔다 밀려간다. 이 나라 영업용 택시 중
티코가 차지하는 비율이 거의 80%에 달하고 있다는 설명에
괜히 어깨가 으쓱해지려는 것을 꾹 눌러 참았다. 한때, 우리
나라 거리에서 많이 보았던 티코가 대부분 폐차된 줄 알았
었는데 이곳에 이렇게 죄다 몰려와 있으니 묘한 기분이다.

　광장 한쪽에선 데모대 인듯 한 무리들이 소리를 지르고,
건너편에선 밀린 임금지급을 요구하는 장기 농성의 야외 천
막들이 수선스럽게 모여 있다. 눈에 많이 익어 낯설지 않은
정경들이 연민의 정을 느끼게한다. 며칠 후면 취임식을 거행
하게 될 대통령궁도 새 단장을 하느라 너저분한 가운데 길
하나를 사이에 두고 데모대와 함께 북새통을 떨고 있는 아
르마스 광장.

　눈앞에 펼쳐진 이 한 편의 캔버스가 혹여 이 나라의 오늘
을 모아모아 축소해 놓은 단면은 아닐는지······.

　돌아서 물어 보아도 광장은 말이없다.

신토불이 대통령

건기(乾期)가 유난히 긴 페루에 요즘 단비가 내린 듯 경사가 났다는데, 이는 잉카제국이 멸망한 이후 468년만에 처음으로 원주민의 피가 흐르고 있는 알레한드로 톨레도(Alejandro Toledo)가 대통령으로 당선되었기 때문이란다. 우연이지만 때맞춰 그런 시기에 이곳에 왔으니 지진 걱정, 소매치기 염려 날려 버리고 덩달아 기분을 좋게 다스려 볼 일이다.

톨레도는 인디오의 후예답게 마추피추에서 대통령 취임식을 갖겠다고 호언하고 있다. 이 나라 건국기념일 이기도 한 오는 7월 28일 수도 리마에서 공식행사를 마친 뒤, 다음날 안데스 산록 깊은 곳에 자리한 옛 잉카의 수도 쿠스코로 날아가 마추피추 정상에서 페루 전통에 따라 의식을 한번 더 갖겠다는 얘기다.

페루 원주민들의 염원인 마추피추 취임식을 통해 잉카 문명의 영광과 권위를 되찾겠다는 것이 그의 선거공약 중 하나 였다고 한다.

국민으로부터 조상들의 옛 영광을 재현할 적임자로 꼽혀 백인이 아닌 신토불이 대통령에 당선된 만큼 그로서는 상징적 이라도 원주민들의 바람에 부응하지 않을 수 없었을 것 같다.

지난 봄 4월 8일 1차 투표 때 승부를 가리지 못하고 다시 실시한 결선 투표에서 '페루 가능성 당' 후보로 열전을 치룬 올해 나이 57세의 톨레도는 유효투표 55%를 획득, 전 전

대통령 이었던 알란 가르시아(Alan Garcia)를 누르고 작년말
부정부패혐의로 대통령직에서 쫓겨나 일본으로 망명한 알베
르토 후지모리(Alberto Fujimori)후임으로 권좌에 오른 입지
전적 인물이다.

원주민들은 그동안 숫적으로는 우세했지만 소수의 백인
지배하에서 피지배층으로 밀려나 있었다.

1946년 벽돌공 아버지와 생선장수 어머니 사이에서 16남매
중 아홉번째로 태어난 톨레도는 생활고 때문에 구두닦이로
출발, 중고등학교를 다녔고 장학금 덕분에 리마의 산프란치
스코 대학을 마칠수 있었다.

대학졸업후 기자 시험에 합격, 언론인의 길을 걸으려 하였
으나 스탠퍼드대학으로부터 장학생 제의를 받고 보통사람들
과 같이 아메리칸드림을 꿈꾸며 미국으로 건너가 경제학 박
사가 되었다. 그런 와중에도 사랑은 국경을 넘어 같은 대학
에서 중남미 원주민 문화를 연구하던 유럽출신 인류학자 엘
리안 카프와 결혼까지 하였으니 금상첨화란 이런 경우를 두
고 한 말이었을까.

선거 유세중
유권자들에게
인사를 하고 있는
인디오 출신 톨레도
후보와 힐러리를
닮았다는 엘리안
카프(AP사진)

그 후 1991~1994년까지 하버드대학에서 연구원으로 일하다가 유엔 국제자문관, 세계은행, 국제경제 협력 개발기구(OECD)등에서 국제적인 안목과 경험을 익힌 다음 1995년 고국으로 돌아와 정계에 입문하였다.

페루 국민들은 '성공 스토리'의 주인공이자 원주민계인 그를 과거 조상들이 일구었던 찬란한 잉카문명의 영광을 재현하는데 적격자라 믿고 환영, 인디오층의 강력한 지지로 대선에서 승리했다고 언론들은 전하고 있다.

톨레도 자신도 그러한 다수의 국민 뜻에 부응하듯 선거유세 때마다 "우리는 수세기 동안 굴종과 치욕의 역사를 살아왔다"고 외치면서 "그러나 지금 우리는 원주민임을 자랑스럽게 여겨야 할 시점에 도달했다"고 역설, 많은 박수를 받았다는 후문이다.

그의 승리 뒤엔 또다른 숨은 주역이 있었으니 다름아닌 부인 엘리안 카프(47)의 내조를 꼽지 않을 수 없었다는데, 그녀는 벨기에 국적이며 프랑스에서 태어난 유태계 백인으로써 고대 잉카 언어인 케추아(Quechua)어(語)로 유세장을 누비며 연설, 원주민들의 표를 마음속으로 부터 끌어모으는데 한 몫을 톡톡히 보태주었다니 신랑에게 신부 덕이 큰 건지, 신부에게 신랑 복이 많은 것인지 좌우간

'촐로 엑시토스(성공한 인디오)'에

'톨레도 만세'요

'비바 페루'다.

시내를 돌아다니는 일은 서울이나 리마나 똑같다.

복잡한 거리, 밀리는 차량, 매캐한 공해까지. 이럴 땐 전철이라도 있었으면 오죽이나 좋을까마는 그러나 아직 이곳은 지하철이 없다. 리마시의 전철은 대통령선거 때만 되면 요란하게 공사를 하기는 하는데도 아직껏 개통은 종무소식이란다.

그런 선거와 정치의 흔적이라며 가르켜준 차창 밖으로 상판이 없는 둥근 교각 만이 녹슨 철근과 함께 하늘을 향해 덩그러니 줄 서 있는 모습이 애처롭기만 하다. 선거는 무엇이며 정치란 도대체 어떤 것인지 국민을 위하는 정치라야 선진형 일텐데 국민을 기만하고 불편하게까지 한다면 그것은 아직도 미개성을 면치 못함이다. 죄없는 백성을 속이는 자 천벌(天罰)이 두렵지 않을까.

시내가 아무리 복잡해도 남미 고고학의 메카이며 이 나라 수도 서울인 만큼 박물관을 챙겨야 하는 일은 여행 목적 1순위다.

우선 국립 인류학 박물관쪽으로 발길을 잡았다. 그곳 주위에는 또다른 박물관이 연이어 있으므로 시간을 절약할 수 있을 것 같아서다.

프레 잉카시대로 부터 모치카(Mochica), 치무(Chimu), 나스카(Nazca)와 파차카마(Pachacama)문화의 전시품들에 대한 해설은 아득하게 머나먼 전설 속에서나 있었을 법했던 라틴 아메리카의 옛 역사를 우리 코 앞으로 한껏 가까이 다가서게 해 주었다.

2천년전 것이라고는 도저히 믿기지 않는 미이라의 생생한 원형 모습과 그에게 입혀졌었다는 당시의 직물 그리고 부장품으로 나온 코덮개와 노리개의 신비로움이 시대를 뛰어넘어 슬금 슬금 살아나는 것 같다.

교과서에서 익혔던 대로 당시 사람들의 두개골을 보면서 사각 혹은 원형의 구멍을 두 눈으로 확인할 수 있었고 그것을 금판으로 때웠거나 금실로 꿰멘 흔적이 역력했음은 아무리 생각해봐도 의술이었는지 주술이었는지 어리둥절 할 뿐, 겨우겨우 가까이 다가왔던 고대 라틴문화의 흔적들이 또다시 희미하게 멀어져 간다.

방방을 돌아 나올 때마다 부지런히 노트를 해보지만 재주가 둔재인가 헷갈리기는 마찬가지다. 서울의 더위를 뺨치고 있는 하오의 햇살이 따갑다. 그곳에서 위쪽으로 슬슬 걸어 15분쯤, 정신을 번쩍 들게 한 묘한 박물관이 있어 두눈을 화들짝 놀라게 한다.

미성년자 출입금지라는 조건이 붙어 있는 라파엘 라스코 에레라 박물관은 별명부터가 흥미를 끌기에 안성맞춤인 섹스 박물관 이란다.

"얼마나 야하길래……"

"야해봤자 그게 그거겠지, 뭐."

"아니야, 여긴 지금 남미 아닌감?"

과연
섹스박물관 답게
너무 너무 튼실한
물건(?)들이
방, 방마다 다양도
하다.

"하긴- 우리나라와 지구 반대쪽 이니까……"

"반대쪽이면 설마 사람까지 거꾸로 뒤집어 졌을려구."

"……"

"아무렴, 힘이 있어야 상상도 마음껏 할 수 있는 법이거든"

"……"

중얼중얼 자문자답을 해보는 것도 싫지 않은 재미다. 전시품 이래야 고대 안데스 문명에서 전해진 농경과 수렵용 도구에 인형과 일상용품들로 항아리와 술병, 주전자, 술잔 등이 대부분이었으나 갖가지 모습의 남녀상을 표현해 놓은 도자기 자체의 모양도 모양이려니와 용품들의 뚜껑이나 손잡이 주둥이 등의 생김새가 사실적으로 남여의 성기를 본떠 만들어 놓은데다 온갖 형태의 기기묘묘한 성행위 장면을 노골적으로 표현하고 있어 한곳에 오래 머물러 관람하기 조차 민망스럽기까지 하다.

입체적인 전시품 하나 하나가 마치 미세한 포르노 인형을 닮고 있다. 보면 볼수록 황홀하고 감동적인 물건들이다. 특히 섹스라는 인간의 원초적인 본능을 매개로 펼쳐지는 근력 넘치는 생명력은 보고 또 보아도 싫증이 나지 않는다.

섹스라면 무조건 숨기고 감추는 것을 미덕으로 여겨온 윗사람들에 대하여 도공들이 행한 조소섞인 선전포고였을까. 아니면 예전엔 섹스 자체를 꼭 숨겨야만 했던 것은 아니었단 말인가. 아무튼 그런 저런 긍정적인 느낌이 들면서부터는

외설을 넘어선 훌륭한 예술작품이 바로 이런 것이 아닌가
싶어 감탄사도 연발하면서 교육적(?)인 시간을 가질 수 있
어 편하고 좋았다.

언젠가 인도대륙 횡단길에서 충격으로 만났던 카쥬라호의
미투나(Mithuna)가 생각나 동서를 서로 비교해 볼 수 있었
음은 더욱 흥미로운 사건의 연속이 아닐 수 없었다.

인도의 어느 종파에서는 섹스 자체를 우주만물의 에너지
원(源)으로 신성시하여 남근상을 신앙의 대상으로까지 승화
시켰었는데 이들도 그 쯤 도(道)의 경지에 다다랐는지는 좀
더 두고 볼 일이다.

좌우간 강한 것이 미덕이요, 최고의 선이었던 한 시절이
이 땅에서도 분명 있었음이다.

국립 박물관, 역사 박물관, 자연사 박물관, 아마노 박물관에
동전 박물관도 계속 손짓을 하고 있었지만 오늘 중에 황금
박물관을 끝내봐야 뭔가 제 할 일을 한 것 같기도 하고 내
일이 여유로울 것 같은 생각이 들어 부랴부랴 몬테리코 지
구로 차를 달렸다. 시내를 빠져나와 원주민들이 모여 사는
달동네도 지나고 부유층들만 따로 산다는 도둑촌(?)도 지나
고속도로를 타고 달려온 곳은 유카리 나무가 제법 어우러진
깨끗하고 조용한 주택가 한켠이었다.

이런 곳에 무슨 박물관이 있을까 싶을 정
도의 그 곳은 박물관 이라기보다는 고관대
작이 사는 큼직한 저택같은 분위기다. 먼저
안내된 1층 무기 전시실은 진열된 각종 총
포와 세계 각국에서 수집된 도검들이 어찌
나 다양했던지 헤아릴 수 없이 많은 숫자에
서 지레 기가 죽는다.

특히 이 나라의 독립부터 현재에 이르기까지 수차례에 걸
친 내란과 전쟁때 사용했던 무기들을 연대별로 진열해 놓고
그 곁에 생생한 사진까지 곁들여 놓았음은 무척 특이할 만
했다. 근대 페루의 발자취를 짐작하기에 부족함이 없을 만큼
잘 꾸며놓은 정성이 대단하다 못해 벌어진 입을 다물 수 없
게 만든다.

그중엔 1, 2차 세계대전 당시 동서양을 재단했던 장군과
제독들의 손때 묻은 지휘봉과 호신용 육혈포(권총)가 본인
의 사인과 함께 휘장, 훈장까지 곁들여 있어 박물관 주인이
쏟은 땀과 정성이 어느 정도였는지 그의 체취가 녹녹히 묻
어나고 있다.

칠레 대통령을 지냈으면서 우리나라 박정희 장군을 가장
존경하는 인물로 숭모했다는 피노체트의 전신 마네킹에 입
혀진 그의 제복, 제모, 보검, 훈장, 견장, 지휘봉, 안경, 신발
등 장군의 일습이 자기 나라도 아닌 이 곳에서 어쩌면 저토
록 생생하게 되살아나고 있는지 기가 막히다 할 수 밖에 더

할 말이 없다.

중국 것도 일본 것도 심지어 태국, 필리핀, 소련 것까지 모아 놓았는데 왜 우리나라 것은 없을까 싶어 안내원에게 물어 보았더니 어디 어디로 가보라며 일러준다. 찾아간 곳엔 조선조 아낙네들이 가슴 속에 품고 살았던 조그만 은장도가 두 점 있었다.

"저것은 무기가 아닌데 왜 이곳에……?"

"아무렴, 무기라니 천부당 만부당이지. 놀이개 아닌감?"

우리 대사관으로 속히 귀띔해줘야 할 일거리 하나를 챙겨 본다.

5개의 방으로 나뉘어진 지하엔 전시물의 내용과 성격과 시대에 따라 3가지 색깔로 구분하고 있었다. 검은방(Fondo Negro) 1, 2, 3실은 프레 잉카문명의 진수를 엿볼 수 있는 황금방으로, 황금 판초는 물론 머리 끝에서 발끝까지 심지어는 손톱 싸개와 코덮개까지 온 몸을 황금으로 덮어 씌우고도 남을 만한 유물들이 고대 이집트와 견주어도 충분히 비교될 만하겠다.

4실의 녹색방(Fondo Verde)은 황금에서 조금 벗어나 금, 은을 섞어 만든 도금술과 연금술에 눈돌려 볼 일이며, 제5실 빨간 방(Fondo Rojo)은 말 그대로 붉은 구리를 이용한 집기와 일용품을 살펴볼 수 있어 오히려 금보다 친

산자의 것이었을까?
죽은 자의
것이었을까?
황금마스크는 말이
없다.

근감에 있어서는 훨씬 더 앞선 느낌이 든다. 각종 세공품에
서 갖가지 도기, 미이라, 생활용구에 이르기까지 가히 황금
박물관이다.

그런데 이 모든 것이 개인 소장품이라는 설명엔 도저히
이해가 되질 않는다. 왜냐하면 그 어느 국립 박물관보다 전
시품의 질이나 양이 한 단계 앞서고 있는 컬렉션에 놀라지
않을 수 없기 때문이다.

지난날 피사로의 침략으로 대다수 유물들이 훼절되었기
때문에 여기에 전시돼있는 것은 치무(Chimu)왕국 시대와 그
이전 문화의 것들이 대부분이라는데도 이토록 눈부신 판에
만약 잉카의 황금 유물들을 고스란히 감상할 수 있었더라면
아마 까무라쳤을지도 모를 일이 아니었을까 싶다. 최근 아프
가니스탄의 탈레반 정부가 저지른 바미얀 석불(石佛)대폭파
사건을 비롯하여 예나 지금이나 인류가 공유해야할 역사와
문화 유적의 파괴는 인간이 저지를 수 있는 최대의 어리석
음이 아닐 수 없다. 참으로 애석하달 수 밖에…….

그러나 저러나 이 어마어마한 곳이 국가 사업이 아닌 사
설 박물관이라는 또 한 번의 설명에 좌우간 대단한 일인 것
만은 인정하고도 남겠으나 혹여 혼란기를 틈탄 도굴꾼들의
소행이 난무했던 한 단면을 말하고 있는 것은 아닌지 생각
이 거기에까지 미칠땐 차라리 곤혹스러워 진다. 아니면 외국
으로 빠져 나갔어야 할 보물들을 그나마 국내에 잡아두었으
니 보국 훈장감이라고 칭송해야 하는 것일까?

162

화려 극치인 황금 박물관에 넋을 잃은 건 사실이지만 글쎄, 오늘의 학습(?)이 속마음 추스르기를 영 힘들게 한다.

쿠쇼, 쿠추, 고추

연일 발붙여 부지런히 돌아다니고 있는 이 나라에 더 이상의 여진이 없을 것이라는 뉴스는 얼마나 다행한 일인지 모른다. 엊그제 비행기 옆자리의 신사가 "리마는 안심이니 염려마슈"라고 위로해 주었던 기억이 두고두고 마음을 편안하게 해주고 있다.

그런데, 아까부터 웅성거리는 길거리의 호외(號外)에 사람들이 몰리고 있음은 또 무슨 일일까. 덩달아 한 장 줏어 보았다.

'전 정보부장 체포, 리마로 압송중'

텅빈 종이에 주먹 만한 글씨의 석간 호외가 온 시가지를 들끓게 하고 있다. 후지모리 전 정권 치하에서 한동안 소통령으로 위세 당당했다는 중앙정보부장이 그간의 권력남용과 부정축재로 계속 도피 은신중이었으나 드디어 어젯밤 체포에 성공하여 리마로 잡아오는데 마치 군사 작전을 방불케 하고 있다는 속보다.

오나 가나 대통령도 문제지만 소통령들이 들끓고 있음은 힘없고 착한 국민들에게 너무나 가혹한 형벌이다. 몹쓸 사람들을 하느님은 왜 모조리 거둬가지 않으시고 시끄럽게 놔둘

까.

하느님이 바쁘시면 태양신
도 좋고, 그분도 시간이 없으
면 저승사자라도 보내서 세상
의 모든 악을 하루속히 거두
었으면 좋겠다.

백성들이란 착한
것도 죄일까?
삶에 찌든 여인과
아이의 모습이
고단해 보이긴
했어도 지극히
선했던 그 얼굴을
다시 보고 싶다.

남에 뒤질세라 부지런히 일하고 나라에서 매긴 세금 꼬박
꼬박 낸 다음 가족들과 함께 오손도손 행복을 찾아 보겠노
라고 애쓰며 사는 착한 백성들을 누가 저토록 분노케 하느
냐 말이다. 남의 나라 살림살이지만 애달픈건 마찬가지다.

기분도 그렇고 배도 출출한 김에 길가 좌판에서 꼬치구이
하나를 집어들었다. 거리의 사람들과 함께 그 틈에 끼어 어
울려 본다는 건 살아 숨쉬는 교육의 현장이다. 서울의 포장
마차나, 실크로드 신강 위그루의 노점이나, 사우디아라비아
리야드의 케팝이나, 리마의 안띠쿠초(anticucho)나 꼬치구이
의 모양새가 모두 붕어빵(?)이다. 참으로 재미있는 닮은 꼴
이다.

이들과 함께 맛보고 있는 안띠쿠초는 인디오말로 '안데스
의 고추'란다. 안띠는 안데스이고, 쿠초는 고추를 의미한다
는데 매콤한 맛의 쿠초란 단어가 왜 하필이면 우리말 고추
와 그렇게도 어감이 동감인지 그것도 흥미있는 일이다.

대나무 꼬치에 고기를 끼운 것까지는 공통이었으나 여기
서는 감자가 곁들여 있음이 조금 다르다. 슬슬 굽다가 매운

소스를 바르며 입맛을 자극하고 있으니 대한민국 국주(國酒) 소주 생각이 절로 난다.

책에서 외웠던 대로 페루 원주민들의 전통주 치챠(chicha)가 있느냐? 있으면 한잔 마시고 싶다고 더듬더듬 물어 보았으나 도무지 언어가 불통인 듯 무표정에 눈만 껌뻑인다. 발음이 틀렸나 싶어 더욱 열심히 공을 들인 덕에 겨우 의사소통은 되었으나 돌아온 대답은 "없다" 라는 비보(?)일뿐!

치챠는 옥수수로 담근 토속주로 안데스 산 중에나 있을까 말까한 술이라니 내일 모래쯤 쿠스코나 우루밤바에 닿으면 그곳에서는 꼭 찾아 맛을 보리라 다짐해 본다. 아마도 강원도 옥수수 막걸리 정도가 아닐까 싶은 상상에 군침이 마른 목을 꿀꺽 넘는다.

꿩대신 닭이라 했던가, 안띠쿠초 한 입에 맥주나 한잔 마셔볼 수 밖에 없으니 나그네 설움이라고나 할까. 동서 지구촌 어디를 가나 맥주맛이 오십보 백보 인걸 보면 음식이든 술이든 사람따라 발길 따라 길고 긴 지구촌 순례를 거치지 않은 것이 없는가 보다.

조상현 명창이 불러 많은 사람들의 심금을 울리고 있는 사철가 한 구절이 생각나 흥얼 거렸더니 이 사람들 아는지 모르는지 박수까지 치며 얼수 좋다 앵콜이란다.

오나 가나 여성들의 미모에 대한 욕망은 시도 때도 없는 듯. 거리에서 조차 아가씨들이 멋을 내느라 난리법석 이다.

......

이 산 저 산 꽃이 피니 분명코 봄이로 구나

봄은 찾아 왔건마는 세상사 쓸쓸하더라

......

백설만 펄펄 휘날려 은세계가 되고 보면

월백 설백 천지백허니 모두가 백발이 벗이로 구나

......

국곡투식 허는놈과 부모불효 허는놈과 형제화목 못하는놈

차례로 잡아다가 저 세상으로 먼저 보내 버리고

......

이제 내일이면 쿠스코로 떠난다.

거기서 잉카를 만나고 나면 우루밤바 강을 따라 아마존으로 들어가 물길 따라 뱃길 따라 해뜨는 동녘을 향해 힘껏 노를 저어볼 참이다.

기본 스페인어 한 마디

조금만 ━ 운 뽀꼬(Un poco)
천천히 ━ 마스 데스빠시오(Mas despacio)
부탁합니다 ━ 뽀르 빠보르(Por favor)

좋습니다 ━ 무이 비엔(Muy bien)
무엇입니까 ━ 께 에스 에스또(Que es esto)
몇시입니까 ━ 께 오라 에스(Que hora es)

멉니까 ━ 에스따 레호스(Esta lejos)
가깝습니까 ━ 에스따 세르카(Esta cerca)
죄송합니다 ━ 뻬르돈(Perdon)

여보세요 ━ 알로(Alo)
통화중입니다 ━ 에스따 오꾸빠다(Esta ocupada)
기다리세요 ━ 운 모멘또(Un momento)

7

쿠스코

꿈 같은 안데스 상공
황금의 도시 쿠스코 애환
삭사이와만의 선물 고소병
열두굽이 고갯길은 하늘길
늙은 봉우리 마추피추
젊은 봉우리 와이나피추
안·니·요·옹

하늘에서 내려다 본 세상은 온통 안데스 산록의 험준한 봉우리들만 올록볼록 할 뿐 인간세상의 자취는 흔적조차 없다. 마치 이 세상의 공간이 아닌 4차원의 세계로 빨려드는 것같다.

만약 이 순간 타임머신을 타고 과거와 미래에 걸쳐있는 긴─시간의 띠 위를 달리고 있다면 정말 멋진 환상의 시간여행이 되고도 남겠다.

발 아래 저 멀리 어디쯤엔가 있을 수수께끼의 지상그림을 탐방하지 못하고 떠나온 아쉬움이 이렇게 절절할 수가 없다.

검회색의 넓은 대지 위에 콘도르, 도마뱀, 돌고래, 벌새, 원숭이, 앵무새, 개, 전갈, 거미, 펠리컨, 나무, 우주인 등의 그림이 새겨져 있고 삼각형이나 부등사변형 또는 사다리꼴과 같은 여러 모양의 도형들이 그려져 있는데 그 크기가 자그마치 1백m에서 3백m에 이르는 것도 있다고 했다.

그 뿐 아니라 20여리(약 8㎞)에 달하는 직선이 곧게 뻗어 있어 마치 비행장의 활주로를 연상케 하는 것도 있다는데 그 정도라면 이 지구상에서 가장 큰 그림이 아닐까.

그 곳은 광막한 평원의 사막지대이므로 어느 한 곳에서 그림 전체를 조망할 수는 없는 일이며 적어도 1천5백피트 이상 하늘 위를 비행해야만 볼 수 있다고 한다.

그렇다면 그 그림을 만든 자들은 우리처럼 하늘을 날아다니며 작업지시(?)를 했단 말인가.

도대체 누가, 언제, 왜 그런 그림을 그려 남겼을까.

나스카(Nazca) 평원은 비 다운 비가 오지 않는 준 사막인데다 10년에 한 번 정도 그 것도 찔끔 찔끔 안개비가 있을 뿐, 바람까지 평온한 지역으로 그림이 지워질 염려가 거의 없는 특이한 곳이라고 한다. 그리고 그곳은 고비사막과 타클라마칸 사이를 지나는 실크로드 어느 곳처럼 조그마한 자갈돌들이 태양열에 달구어진 채 땅을 덮고 있으므로 검회색의 작은 돌을 긁어내면 돌 밑에 황토가 드러남으로서 색깔이 서로 달라 그것이 곧 선을 물감으로 칠해놓은 것과 같은 효과를 내어 그림으로 보이고 있다니 기가 막힐 일이다.

이 세상 무엇이든 그것이 만들어지기까지는 반드시 어떤 목적과 필요가 있었기 때문일텐데 나스카의 그림은 도대체 탄생 이유가 무엇이며 쓰임새는 또 무엇이었는지 아직껏 그 의문을 풀지못하고 있다니 알 수 없는 일이 하나 더 늘어난 셈이다.

궁색한 얘기지만 하느님이 인류에게 남긴 수수께끼가 아닐런지…….

오늘은 그냥 그렇게 덮어 둘 수 밖에 없겠으나 좌우간 답답한 일이다.

'사라진 문명'의 저자 그레이엄 헨콕이 주장한 대로 이 지구상엔 과거에 이미 몇 번 씩 고도의 문명이 존재했으며 지금 이전

안데스 상공에서
내려다본 모래산에
나타난 불가사의한
나무그림.

의 어느 세상에서 필요에 따라 만들어 놓은 것이라고 가정한다면 우주인 설, 하늘을 나는 사람 설, 별자리를 나타내는 달력설 등은 또 무엇이란 말일까.

그러나 저러나 '판 아메리칸 고속도로' 건설때문에 유감스럽게도 그림의 일부가 손상되고 있다는 이야기엔 아연실색 너무나 서글픈 일이 아닐 수 없다. 지구촌 최대의 불가사의인 지상그림 해독에 열 올리기 보다 오히려 원형을 있는 그대로 잘 보존하는게 더 중차대한 선결문제가 아니겠느냐고 온 세상에 한 번 외치고 싶다.

비록 나스카의 신기루와 같은 시간여행이 안겨준 기내의 환상이었지만 오래오래 간직하고픈 추억이다.

얼마나 귀중한 이 시대 우리 인류의 문화유산인가 말이다.

황금의 도시 쿠스코 애환

리마에서 남동쪽으로 1천km, 만년설의 장관에 나스카의 환상도 잠깐 사람 흔적 하나 없을 것 같던 안데스 산록 그 너머에 이따금씩 화전을 일구어 놓은 것 같기도 한 흔적들이 신작로 인 듯 가느다란 실낱으로 연결되더니 띄엄띄엄 고산의 마을이 되어 시야에 들어온다.

하늘에서 내려다 본 쿠스코(Cuzco)는 황토색으로 불그스레한 건물들이 주변의 민둥산과 조화를 이루며 흡사 한 마리의 퓨마가 먹이를 막 덮치려는 듯 웅크린 형상을 하고 있다. 그런 곳에 잉카의 웅혼한 정기를 심어 내렸으니 가히 지구의 중심이라 할 만도 하겠다.

그것은 곧 하늘은 독수리가, 지상은 퓨마가, 땅 속은 뱀이 지배한다고 믿었던 잉카인들의 정신세계를 드러내고 있음이다.

도심과 이웃하며 덩그러니 깔린 공항 활주로를 반바퀴 선회한 후 착륙한 곳은 해발 약 3,400m의 고지대로, 트랩을 내려서는 순간 무덥고 칙칙한 땅 내음과 왠지 갑갑함이 뒤섞이더니 머리를 띵-하게 만든다. 지난해 티베트의 라싸 공항(해발 3,650m)에 내렸을 때와는 영 다르다.

어느 선배가 가끔씩 농담 삼아 이야기하곤 너털웃음을 짓던 말, "작년 다르고 올해 다르다"더니 오늘 쿠스코에 내리면서 처음 갖어본 느낌이다.

쿠스코는 케추아어(語)로 배꼽이라는데 우주의 중심을 바로 이곳이라 생각했던 잉카 사람들의 의식이 흠뻑 배인 이름인 것 같다. 그뿐 아니라 이곳이 라틴 아메리카 대륙을 동서로 관통하고 있는 아마존의 발원지이고 보면 그들이 세상의 중심은 바로 이 곳이며 모든 길은 쿠스코에 닿는다고 생각했음이 마치 옛 로마인들의 기개와 오십보 백보 였던가보다.

시내로 연결된 공항로 '태양의 길' 어귀엔 잉카 최번성기를 이룩했던 아홉번째 황제 '파차쿠텍 잉카 유판키'의 동상이 있어 제일 먼저 반긴다.

그때의 영광을 생각하면 동상 전체를 황금으로 뒤집어 씌우고도 남았으련만 풀썩 풀썩한 흙 먼지와 함께 그냥 그렇게 서 있는 모습이 왠지 허허롭기만 하다.

번성기를 구가하던 때의 이곳 쿠스코는 지금

적과 백의 페루국기와 무지개빛깔의 쿠스코깃발이 함께 나부끼고 있는 시내 골목길.

의 에콰도르, 볼리비아, 콜롬비아에 이어 칠레 북부까지 이르는 광활한 영토를 지배하며 8백만의 인구를 거느렸었다.

침략자 피사로가 페루 북부 카하마르카에서 잉카의 왕 '아타 와르파'를 사로잡아 가두었을 때 몸값 대신 수감된 방안을 백성들이 모아온 황금으로 가득 채우고 나서야 풀려났다는 이야기는 너무나 유명한 대목이다.

그렇게 해서 최대한으로 거두워진 황금을 빼앗은 다음 그는 당연히(?) 처형되었고 이곳 쿠스코에까지 진군한 무리들은 더 더욱 황금에 눈이 어두운 나머지 금붙이가 아닌 것은 남김없이 파괴했다니 아무리 침략자 라고는 하나, 이는 너무 심한 것 같아 딱한 생각이 앞선다. 황금문화를 꽃피웠다가 황금 때문에 오히려 철저히 망가뜨려진 도시 쿠스코의 애환이다.

그 옛날 자그만치 2천4백km의 도로와 거미줄처럼 연결된

수로를 건설하여 험준한 안데스 산군을 풍요의 땅으로 일구어낸 잉카 문명은 그 쯤에서 역사의 어둠 속으로 사라지고 말았으며 지금 작렬하는 태양 아래 남아 있는건 말없는 돌덩이들 뿐.

수십 톤에 달하는 거대한 바위를 오늘날의 레이저광선 정도가 아니면 도저히 상상할 수 조차 없을 만큼 정교하게 다각도로 깎고 다듬어 쌓아올린 석축들만이 잉카를 보고자 찾아온 나그네의 발길을 사로 잡는다.

당시 잉카 최후의 왕 '투팍 아마루'를 처형했다는 아르마스 광장에는 그 중심에 잉카의 황금신전이 있었다는데 지금은 흔적만이 희미하게 남아 옛 영화를 구름에 날리고 있다. 돌덩이를 부셔 없앤다고 그들의 문화와 인간의 기억까지 지울수 있다고 믿었을까. 안데스 고원의 석양이 어느새 하루의 나래를 접으려는 듯 붉게 물든다.

고금 동서를 막론하고 누가 황금을 싫다고 했으랴마는 약과 독이 결국은 동전의 앞 뒷면인 것처럼 그것을 향유함에 있어 때와 장소가 있고 적당함을 지켜야 할 분수가 있는 법, 오죽하면 공자(孔子)께서 후세 사람들을 위해 '과유불급(過猶不及)'이라는 명언까지 미리 설파 하셨을까.

정복자들이 잉카의 문명으로부터 황금을 과하게 탐냄으로써 한 시대를 풍미했던 인류의 위대한 유산이 상상 속의 미궁으로 철저히 쇠락했음은 차마 필설로써 형언키조차 어려운 서글픔이요, 인간이 저지를 수 있는 최대의 어리석음이다.

'황금을 보기를 돌같이' 할 수야 없는 일이겠지만 오늘을 사는 현대인들 또한 황금만이 제일이라 지나치게 치닫는다면 프란치스코 피사로를 타매할 자격이 과연 우리에게 있는 것인지 자문해 보고 싶다.

삭사이와만의 선물 고산병

시내에서 자동차로 15분쯤 코리칸챠(Coricancha) 언덕에 올라본다. 그곳은 옛날 태양의 신전터다.

5백여년 전 정복자들이 쿠스코에 처음 들어왔을 땐 신전의 높이가 60m에 달했으며 내벽이 금판으로 도배되어 있었고 실내 정원에는 황금 옥수수들이 주렁주렁 매달려 있었다고 한다.

그러나 정복한 제3의 문명 앞에서는 가혹한 시련만이 기다리고 있었던가. 침략자들은 기초만 남기고 신전을 모두 헐어버린 다음 그 기초 위에 식민시대 건축물과 산토도밍고 수도원을 세웠다.

하늘이 벌했을까. 잉카의 조상이 노했을까.

몇 차례의 지진으로 새로 지은 식민시대 건축물들은 대부분 무너져 내렸으나 잉카인이 쌓아놓은 건물의 기초나 벽면은 끄떡이 없었다는데 돌을 5각, 7각, 12각등으로 떡주무르듯 정교하게 깎아 짜맞춰 놓은 석축은 지금도 옛 그대로의 모습을 고스란히 보여주고 있다.

신전 안팎의 금장식 유물들은 남김없이 녹여진 다음 금막대로 만들어 스페인으로 실려 갔으나 그런 환란중에도 아직껏 야빠의 방이 남아 있음은 대단한 기쁨이었다.

잉카 사람들에게는 '야빠' 라는 천둥과 번개의 신이 있어 야빠가 큰 물독을 깨어 던지면 비가 온다고 믿었으므로 가뭄과 흉년이 들면 야마나 알파카를 희생 양으로 잡아 제의를 올렸다는데 그 야빠의 방이 지금도 원형 대로 보존되고 있음은 기가 막힌 기적이 아닐 수 없다.

그런 혼란과 살육과 파괴에 견딜 수 없었던 망꼬 잉카가 2만의 병사와 함께 무너져 가는 왕국을 재건키 위하여 최후의 일각까지 싸웠다는 전적지 삭사이와만(Sacsayhuaman)은 신전에서 고갯길을 한참이나 더 올라 해발 3천6백m의 고지에 터를 잡고 있어 마치 북한산에서 서울 시내가 훤히 내려다 보이듯 쿠스코 시가지가 한눈에 들어온다.

건너편 멀리 민둥산에 돌을 모아 글을 만들어 놓은 모양이 너무나 인상적이다. 북한땅에서 가끔씩 볼 수 있는 '속도전'이니 '오라 북으로'라고 만들어 놓은 것처럼 보였던 내용은 'VIVA PERU' 가 뚜렷하다.

그래 페루여 일어나

해발 3,600m 고원에서
매년 6월 24일에
열리고 있는 쿠스코
태양의 축제

라, 천세 만세 페루의 옛 영화가 아니더냐.

쿠스코 시가지가 푸마의 몸체와 꼬리를 닮고 있다면 머리 부분에 해당하는 삭사이와만은 그 의미가 '독수리여! 날개를 펼쳐 라'는 내용이라는데 유판키왕 때부터 축조하기 시작하여 80여년간에 걸쳐 완성했다는 거대 요새다.

지금은 겨우 30%만이 폐허로 남아 을씨년스럽기까지 하지만 50~100톤이 넘을 것 같은 엄청난 돌을 이용, 4~5층 높이의 거대한 원형 탑 모양으로 쌓은 성벽 둘레가 자그만치 1천3백여m에 이르렀으나 스페인 사람들이 새 도시를 건설하기 위하여 윗부분의 돌들을 가져갔기 때문에 지금은 1~2층의 석축(돌무더기)밖에 남아 있지 않다. 그 정상부에는 거대한 해시계를 설치, 이들의 주요 농작물인 감자나 옥수수의 재배와 수확기를 가늠해 주었다고 한다.

삭사이와만 광장에서는 지금도 해마다 6월 24일이면 인티라이미(Inti Raymi)라는 태양제가 열린다는데 불과 며칠 상관에 그 좋은 태양의 축제를 놓친 것이 참으로 분하다. 이들의 축제가 얼마나 거창했었는지를 자랑하기라도 하듯 광장에 가설했던 임시 무대의 잔재들이 철거를 기다리고 있다. 과거 태양의 축제에 얼킨 이야기 한 토막을 신이 나게 설명해 준 안내자의 이야기는 더위와 고소에 힘겨운 방문자들을 크게 위로해 주었다.

......

잉카 제11대 왕 '와이나 카파크'가 이곳에서 태양제를 지

178

내던 중 하늘을 날던 독수리 한 마리가 갑자기 땅에 떨어졌다. 당시 독수리는 왕을 상징하고 있었으므로 궁 안팎이 온통 뒤집어 졌는데 그 때가 1523년으로 그로부터 꼭 10년 뒤인 1533년 잉카제국은 허망하게도 역사의 뒤안길로 사라졌다. 그렇다면 독수리의 추락은 잉카의 멸망을 10년전에 이미 점지한 신의 예시였을까.

......

이곳 삭사이와만이 쿠스코의 동쪽 요새였다면 서쪽 언덕엔 켄코(Quenco)요새가 과히 멀지 않았으나 아무래도 오늘은 포기를 해야 할까보다.

아까부터 슬슬 머리가 지끈거리는게 몹시 신경이 쓰인다. 두 번에 걸쳐 진통제를 두 알씩 먹었으나 별 소용이 없는데다 이젠 뱃속까지 미식거려 그 약마저 토하고 말았다. 물도 싫고, 약도 싫고, 사람도 싫다. 고소에 걸린게 틀림 없다. 이건 약도 없으니 뉘라서 도와줄 수도 없는 병도 아닌 몹쓸 병(病)이다.

티베트에서 에베레스트 북벽 B.C를 오를 때도 꼭 이랬었다. 그러나 그곳은 해발 5천m에 가까운 히말라야 중턱이었으니 당연히 그렇다 치더라도 지금 이곳은 3천 6백고지에 사람이 살았던 옛 성터가 아닌가. 언감생심 고소증 이라고는 꿈에도 염려치 않고 이리저리 펄펄 뛰어다녔던 오늘 하루가 영-마음에 걸린다. 게다가 통 입맛이 없어 한끼 점심을 건너 뛰었으니 배까지 허기진 터에 아차, 유비무환을 잘못 단속한 고소증에 걸리면 세상만사를 몽땅 귀찮은 존재로 내몬다. 고소증이 결코 병(病)은 아니건만…

게 틀림 없다.

이를 어쩌나 생각할수록 진땀이 솟는다. 코카차를 열심히 마셔보지만 이미 때를 놓친 것 같다.

자만하지 말고, 그렇게 서두르지 말고, 조금만 여유로움을 잃지 않았더라면 아무일도 없었을 텐데…….

아! 길 떠난 나그네 별고 없음의 고마움을 새삼스레 절감해 본다. 아무렴 오늘은 오늘이라 치더라도 마추피추에 오를 내일을 생각하면 땅이 갈라지는 지진보다 더 큰 문제가 아닌가.

고소증은 밤이 더 괴롭고 무서운 야행성이다.

벌써 밥을 두끼째 거르고 있으니 더욱 큰일이 아닐 수 없다.

오! 태양의 신, 토나티우여!,

오! 태양의 아들, 비라코차여!,

병자(?)가 된 중생을 어여삐 여기소서…….

드디어 오늘 마추피추(Machu Picchu)에 오른다.

'드디어'라고 굳이 표현할 만큼 벌써부터 가슴이 설레인다.

본래의 스케줄은 쿠스코에서 일박하고 오늘 새벽 기차를 탈 예정이었으나 고소증 때문에 어제밤 고생고생 무리수를 감내하며 우루밤바까지 밤길을 달려 해발 고도를 1천여m 낮추었다.

고소란 말 그대로 하나의 증상일 뿐, 낮은 곳으로 이동만 하면 지금까지의 괴로웠던 모든 상황이 끝나므로 별다른 약이 필요치 않기 때문에 병이랄 수도 없지만, 그래도 좌우간 몹쓸 괴질(?)이라고 밖에 표현할 길이 없다.

마추피추만 아니었어도 그 시커먼 야밤에 모진 고생과 거금(巨金)까지 날려 보내는 불상사는 없었을 터인데, 그러나 그 덕분에 아침시간이 이렇게 여유로워 졌으니 장군 멍군에, 멍군 장군이요 쿠스코의 새옹지마(塞翁之馬)다.

나무들이 싱그런 계곡으로 내려가 찬 바람을 쏘이고 잠시 명상과 요가로 몸을 다스린 다음 내친 김에 개울물 속으로 풍덩 들어갔더니 띵-하던 기분이 날아갈 듯 맑아진다. 하마터면 오늘의 하이라이트 마추피추를 망칠뻔 했잖은가 싶은 생각이 불쑥 들 땐 어질어질 현기증이 날 만큼 눈앞이 아찔해 온다.

협궤열차 아우토바콘(Autobagon)에 몸을 싣고 우루밤바 강을 따라 달린다. 저 강줄기는 흘러흘러 아마존으로 이어지

마추피추행
협궤열차
'아우토바콘'

고 대서양으로 빠져
나가 바다를 이루겠
지…….

기찻길 옆 옥수수
밭을 지나 이따금
씩 나타나는 잉카의 흔적들과 숲 사이에서 언뜻언뜻 내비치
는 만년설을 감상하는 맛에 지루함이 전혀 없다. 열차가 푸
엔데스 루이나스 역에 도착하자 기다렸다는 듯 원색의 인디
오 원주민들이 우루루 몰려든다. 기념품, 토산품, 옷가지, 망
토에 먹거리까지 챙겨들고 마치 그냥이라도 줄 듯 물건을
들이밀며 사라고 야단법석이다.

김이 모락모락한 찐 옥수수가 입맛을 당겨 한 봉다리 사
들고 하모니카를 연주하듯 입에 물었다. 강원도 찰옥수수 만
큼은 아니었지만 맛도 좋고 알갱이도 튼실하다.

너무 부지런을 떤 탓에 시간이 넉넉하여 남은 옥수수 여
나무개를 몽땅 떨이 해주고 그대신 그녀의 집을 방문하기로
타협(?)한 건 의외의 수확이었다.

돌담길 따라 골목 안으로 꼬불꼬불 들어간 그녀의 집 또
한 돌담집이었다. 마당 한 켠에선 남편인 듯한 아저씨가 베
틀에 앉아 달그락 거리며 무언가를 짜고 있다. 그 얼굴이 어
디선가 많이 뵌듯한 모습이라 곰곰 생각해 보았더니 내 어
릴적 고향집 금산 아저씨와 어쩌면 그리도 닮았던지 내심
깜짝 놀랐다. 참으로 묘한 일이라는 생각이 자꾸 꼬리에 꼬

리를 문다.

처마 밑으로 머리를 조금 숙이고 들어간 집안은 그냥 흙
바닥에 오른쪽으로 집주인의 잠자리인 듯 나무 침상이 놓여
있고 왼쪽으론 부엌인 듯 그릇 몇 개와 냄비, 양재기, 국자
같은 것들이 올망졸망 걸려 있다. 인도의 데칸고원 어느 마
을에서 보았던 라자스탄 사람들의 모습과 너무나 흡사함이
또 한 번 놀랍다.

사람 사는 모습은 동서남북이 결코 다를게 없음이다. 인도
의 그 집에선 닭과 염소들이 함께 살고 있었는데 지금 이
집은 토끼 만한 쥐들과 같이 살고 있음이 조금 이색적일 뿐
이다.

즉석에서 이름붙여 본 '토끼쥐'는 이 집의 소중한 먹거리
로 귀한 손님이 오거나 명절날에 맛을 본다니 우리네 씨암
닭 쯤 되는 귀물(貴物)인 모양이다.

돌담벽 한가운데 눈 높이쯤에 사람의 해골 3개가 나란히
놓여 있어 움찔 놀랐으나 설명인 즉 할아버지 할머니 그리
고 아버지의 실제 인골을 집안에 모심으로써 살아 생전처럼
늘 함께하며 가족들을 돌보아 주시고 계신다는데야 뉘라서
무슨 말로 대꾸할 수 있을까. 인골을 많이 모실수록 부자요
뼈대(?)있는 집이라고 한마디 더 거든다.

여기서 마추피추까지는 다
시 8km나되는 꼬불꼬불한 산
길을 올라야 한다. 자동차라

금산 아저씨와
얼굴이 너무 많이
닮아 깜짝 놀랐던
주인 인디오
아저씨.

면 20여분이요, 걷
는다면 2시간 거리
란다.

차창 밖으로 내려
다 보이는 낭떨어지가 아찔 아찔하다.

해발 2~3천m급 거대한 봉우리 수십개가 직벽으로 협곡을
이루었으니 페루의 그랜드 캐년이라고 부를 만도 하겠다.

마추피추는 그런 봉우리 정상에 숨어있어 공중이 아니면
보일리 만무할게 뻔하다. 잉카인들은 봉우리 측면 천길 낭떠
러지의 허리를 잘라 한 사람만 겨우 다닐 수 있는 길을 냈
다는데 그 길은 빙엄(Hiram Bingham)과 인디오 소년이 다
가오기 전까지 3백 5십여년간이나 정글 속에서 남몰래 잠자
고 있었다. 그들은 그런 산상(山上)에 수십 수백톤에 이르는
돌을 나르며 마추피추를 건설했다.

마추피추는 1911년 7월 24일 미국인 고고학자 하이람 빙엄
교수에 의해 세상에 알려졌으며 빙엄은 그의 저서〈잉카 제
국의 사라진 도시〉에서 '마추피추에 오를 수 있도록 안내
해준 나의 은인은 코흘리개 인디오 소년 이었다. 이제부터는
수많은 사람들이 격랑으로 꿈틀대는 화강암 벼랑과 우루밤
바 단애 사이를 지나 마추피추에 편히 오를것'이라고 적고
있다.

발견자의 이름을 따 '하이람 빙엄길'이라 부르고 있는 꼬
부랑 오르막길이 힘에 겨운지 흙먼지를 뒤집어 쓴 미니 버

스가 자꾸만 덜덜거리기도 하고 붕붕거리기도 한다.

한 굽이 돌때마다 무엇인가 보일 것도 같은데 열심히 고갯짓을 해봐도 보이는건 하늘과 산봉우리들 뿐, 아무 것도 볼 수 없다. 침략자를 피해 숨어들기 꼭 알맞은 천혜의 요새임에 틀림이 없고도 남음이다.

늘 흐린 봉우리 마추피추

고고한 안데스 산맥의 푸른 기운을 한껏 뿜어내며 해발 2천 4백m 고지에 자리한 잉카 최후의 유적 마추피추.

침략자에 쫓기던 인디오들이 안데스 고산 준령과 우루밤바 계곡으로 숨어 들어 하늘 향해 가파른 절벽을 기어 올라 요새를 구축하고 농사를 지으며 성전(聖戰)을 벌인 곳 마추피추.

찬란했던 잉카 문명은 정복자들에 의해 훼절되었지만 끝내 범하지 못했던 산상신전(山上神殿) 마추피추.

차가 마음놓고 회전하기조차 힘들 만큼 옹색한 버스 정류장은 어디서 몰려왔는지 세계의 사람들로 종착역답게 어수선하다. 그 틈바구니에서 차례를 기다렸다가 들어선 입구 안쪽의 좌우로 갈라

멀리 와이나피추
봉우리가 우뚝
솟아 보이는
마추피추 전경.

진 길은 결국 출구도 이 곳임을 암시하고 있다.

두 사람이 함께 걷기에도 불편할 만큼 좁은 왼쪽 계단길로 조금 더 올라야 했던 그곳은 모두 돌 천지다.

한 여름의 태양이 바로 머리 위에서 한 점 거침없이 쏟아지고 있으니 숨은 가쁘고 땀은 범벅이다. 연신 물을 마셔 보지만 더위를 이기기엔 별무소용이다. 그래도 틈만 나면 코카 엽차를 마셔놓아야 혹시 또 찾아올지도 모르는 불청객 고소병을 예방한다는데야 자꾸 자꾸 마셔두는 수 밖에 달리 왕도가 없다. 그렇게 기어오른 전망대, 거기서 시야가 툭 터지며 한눈에 들어온 마추피추.

유적지는 두 개의 큰 봉우리를 양쪽으로 거느린 너른 분지(盆地)에 말 안장처럼 자리하고 있었다. 케추아어로 '늙은 봉우리'를 뜻하고 있는 마추피추엔 궁전과 신전, 주거시설을 만들어 놓고 건너편의 더 높은 '젊은 봉우리' 와이나 피추에는 적의 침략을 감시하기 위한 망루를 축성해 놓았다. 그리고 분지 좌우로는 깎아지른 듯한 절벽이 병풍을 둘렀다. 봉우리 위에서 내려다 본 작은 도시의 모습은 어쩌면 그렇게도 질서정연했는지 다만 신기할 뿐이다.

잉카 유적 어디서나 볼 수 있듯 태양의 신전을 중심으로 왕과 왕족의 궁전, 제사장, 시종, 병사들의 거처가 차례차례 눈에 들어온다. 경사면 아래쪽으로는 백성들의 주거지와 함

께 2~5m 폭으로 만들어진 계단식 밭이 구불구불 돌고 돌아
농경지를 이루며 내리내리 이어진다.

샘물을 이용한 17개의 양수 시설과 계단식 밭으로 이어진
물길로 보아 적어도 1만명 정도는 족히 생활 했을것이라는
설명이다. 그러니까 자연과 인공이 함께 어우러진 도시이자
요새이며 자급자족의 철저한 공동체였던 가 보다.

이렇게 산 꼭대기까지 피신을 하고서도 마음이 놓이지 않
아서였을까. 외곽을 또다시 돌담으로 둘러 놓았다.

좁은 비탈길을 내려가 미로형의 통로를 따라 들어선 도시
(?)내부의 돌들은 쿠스코에서 보았던 것에 비하면 조금 거
친 모습이기는 하나 각양각색으로 돌을 다듬어 정교하게 쌓
아올린 당시의 건축술이 다시 한 번 놀라움을 금치 못하게
만든다.

돌은 자기 수련과 연마의 문화다. 인내와 집념 없이는 도
저히 이루어 낼 수 없는 과업이다. 허다한 들녘을 마다하고
높고 높은 산봉우리에 올라 온갖 악조건을 견디어 내며 돌
을 깎고 쌓아 이루어 놓은 성채.

이들은 그 중 제일 큰 돌을 숭배의 대상으로 삼았을까. 의
례에 이용했을 법한 큰 바위덩이 여남은 개가 유별난 가운
데 중심축에 자리한 태
양의 돌 인띠와타나
(Intihuatana)는 마추피추
유적 가운데 가장 으뜸

헬로-유-노-터치!
한마디의 경고로 더
이상 사진을 찍지
못했던
안띠와타나의
신성한 돌(神)

신과 인간이 공존했을까? 어디를 가도 3개씩의 문이 함께하고 있다.

인 것같다. 정말 기가 막히게 깎아 놓았다며 한 번 쓰다 듬어 보았다가 '헬로-유-노-터치!' 라며 정중하게 경고 받은 어느 외국인이 그 후론 사진기를 만지는 손마저 자꾸 떨고 있었음은 '안띠의 벌(罰)' 이었을까?

잠시였지만 믿기지 않는 마추피추의 긴장이었다.

왕궁 옆으로는 마치 콘도르의 비상(飛上)을 연상케 한 큰 바위가 버티어 있고 그 위엔 당연히 콘도르 신전이 우뚝하다. 콘도르는 지금의 페루는 물론 칠레 북부와 볼리비아 일부 지역까지 호령했던 왕권의 상징이었다.

신전에는 어디를 가나 문이 3개씩 나 있는게 특징이다. 이는 그들이 믿었던 영혼을 위한 것으로 땅위에 있는 영혼과 사후(死後) 태양신에게 간 영혼 그리고 산 사람의 마음 속에 있는 3가지 영혼이 이들 3개의 문을 통해 드나든다고 생각했다니, 말하자면 잉카 신전은 신만을 위한 것이었다기 보다는 신과 인간을 잇는 성소였던 모양이다.

신(神)과 인간(人間)의 공존(共存) 말이다.

마추피추의 끄트머리에서 와이나 피추는 다시 오솔길로 이어진다. 산세가 너무 험하고 경사가 급한 곳이므로 아무나 기어오를 수 없도록 통제하고 있는 것은 매우 현명한 제제인 것같다.

그런 줄도 모르고 마추피추에서 시간을 너무 많이 빼앗긴 탓에 와이나피추 행은 '돌아올 시간의 부족'이라는 이유로 거절 당했지만 섭섭한 마음보다는 당연한 귀결이라 달게 받기로 했다. 돌아서면서 한마디 중얼거려 본다.

"다음에 오면 와이나피추를 꼭 올라볼거야"

"아—암, 그렇구 말구!"

"……"

어느 곳이었던가 대낮인대도 컴컴하리만큼 깊숙이 들어간 바위굴을 안내자는 잉카인들이 사후세계로 들어가는 입구라고 했다.

그렇다면 왕족이나 제사장이 죽으면 시신이 이곳으로 옮겨져 미이라로 보관됐던 곳이 분명할 진대, 아니나 다를까 석굴 내부엔 사람 하나의 크기만큼 직사각으로 길쭉길쭉하게 파놓은 흔적들이 여러 곳인데다 으스스한 기분을 얼어붙이기라도 하듯 써늘한 음기가 온 몸을 감싼다. 금새 땀방울이 가시면서 돌아나오는 등 뒤를 자꾸 돌아보게 한다.

이방인들 조차 그러하거늘 아직도 신비에 찬 이곳이 페루 인디오들의 정신적 지주이자 마음의 고향 임에 누가 이의를 달랴.

출구쪽 봉우리 정상으로 다시올라 털썩 주저앉는다. 마추피추가 온통 한 눈 아래 든다. 그 언덕배기에 또다른 무덤들이 있었으니 이는 아마도 왕족이 아닌 자들의 공동묘지 였을것 이라고 한다.

처음 발견 당시의 170여구 유골은 공교롭게도 모두 어린이나 여자 혹은 노인들 것이었다는데 그에 대한 해석은 지금까지도 분분한 가운데 쿠스코가 정복 당하고 태양의 처녀들이 마지막으로 숨어 살다 죽은 뒤 묻혔거나 전쟁으로 남자들이 모두 나가서 죽고 어린이, 여자, 노인들만 남아 끝까지 살다가 죽음을 맞은 것이라는 등의 추측이 그것이다.

우루밤바 강줄기가 실개천처럼 까마득하게 내려다 보이는 이 산상에서 그들은 잉카의 하늘을 지키던 콘도르를 얼마나 보고 싶어 했을까. 정녕 그것은 꿈이었을까?

이곳 마추피추 만큼 떠남에 대한 비극성이 사무치게 배어 있는 곳도 세상엔 그리 흔치 않을 것 같다.

어느 시인의 글귀에 '길 보다는 숲이 되고 싶다'고 노래한 마지막 구절이 생각난다. 어디론가 떠나는 길보다는 그 자리를 지키는 숲이 되고 싶어 읊은 싯귀였을 것이다. 수많은 길을 스스로 품 속에 안고 있는 숲, 그리고 발 밑에 무한한 땅을 밟고있는 숲에 대한 그리움의 노래였다. 마추피추가 숲이 되지 못하고 떠나는 길목이 되어 메마른 폐허로 남아 있는 현

입장을 거부당한
와이나피추봉
입구에서. 다음엔 꼭
올라 볼꺼야……
다짐해 본다

장이 가슴 아리다.

왜 인간의 역사에는 지혜와 땀으로 이룬 귀한 터전들을 저토록 황량한 폐허로 남겨 놓아야 하는걸까?

비록 이곳 뿐만이 아니라 지구촌 도처에 얼마나 많은 폐허를 남기고 있으며 또 앞으로 얼마나 더 많은 폐허를 만들어 놓을 것인가.

잉카를 만나고자 마추피추를 찾아온 길, 그것은 어쩌면 바쁘게만 살아온 나 자신을 되돌아 보게 한 모처럼의 길다운 길이었는지도 모른다.

한편의 거대한 서사시(敍事詩) 마추피추가 침묵으로 사람을 압도하고 있다.

안·니·요·용

마추피추를 뒤로 하고 하산하려는 주차장에 여남은살 쯤 되어 보이는 어린아이들 서너명이 우리를 향해 두 손을 흔들며 굿바이를 외쳐댄다. 일반적인 관광지에서 흔히 볼 수 있는 광경이므로 특별히 주목할 것도 없이 차창 밖으로 손을 흔들어 주었다.

버스가 출발하여 갈 지(之)자 하산길을 막 한굽이 돌았을 때, 우리는 우리의 눈을 의심하지 않을 수 없었다. 조금전 버스 주차장에서 보았던 그 만한 아이 하나가 우두커니 기다리고 있다가 우리를 향해 목이 터져라 인사를 하는게 아닌가.

어찌보면 아까 보았던 아이같기도 했지만 그 아이가 그곳에 와 있을 까닭이 없지 않은가.

버스가 셋째 굽이, 넷째 굽이……굽이 굽이 계속 돌아 내려오는데 그때 그때마다 길 모퉁이에선 예의 그 아이가 여전히 똑같은 모습으로 버스를 향해 손을 흔들며 굿바이를 외쳐댄다.

열두굽이 사행(蛇行)길을 내려오는 동안 만났던 아이가 처음에 보았던 그 아이임을 확인하게 된 순간 우리는 '오, 마이 갓!'을 연발 할 수 밖에…….

참으로 이상한(?) 일에 경탄을 금치 못할 뿐이었다. 그 다음 부터는 차가 한 굽이를 돌 때마다 아이와 눈을 맞추며 함께 탄성을 지르곤 했다. 버스가 굽이 길을 도는 사이 그 아이는 타잔처럼 다람쥐처럼 밀림으로 뒤덮인 원시의 지름길을 미끄러지듯 거의 수직으로 뛰어 내려와 우리를 마중하고 있었다.

그러기를 10수차례 반복하고 계곡에 다다랐을 무렵 뜻밖에도 아이는 기다리고 있지 않았다.

차가 너무 빠른 탓에 그 아이가 미쳐 뛰어내려 오지 못했는가 싶어 서로들 웅성거리며 걱정하는 사이, 버스 앞에서 먼저 달려가고 있는 빨간 옷의 그 아이 뒷모습을 발견하고는 다시 한 번 또 '오 마이 갓!'이다.

고갯길이 끝나고 우루밤바 계곡 다리를 건너 잠시 정차한 버스에 성큼 올라온 아이는 아뿔싸, 남자아이가 아니고 여자 애가 아닌가. 머리칼이 흩어진 이마엔 땀 방울이 흠뻑 한 채 너무나 앳된 '굿바이 소녀'가 허리를 굽혀 외친 인사말은 굿바이도 안녕도 아닌 '사요나라~'였다.

아마도 나와 눈길이 마주친 순간 일본인으로 생각했던 모양이다. 뜻밖에 귓전을 때린 한마디로 잠시 머쓱해진 분위기에 용기를 내어 "애야, 사요나라 대신 안녕으로 다시 인사해 보렴" 하고 주문하자, 거침없이 그 아이의 입에서 나온 말 "안.니.요.웅~" 한다.

일본인에서 한국인으로 나를 재확인 시켜준 그 아이가 기특도 하고 딱하기도 하여 1달러 짜리와 10솔짜리 지폐 2장을 주었다.

말로만 들어왔던 옛 잉카의 챠스키(Chaski)가, 두 눈이 새까맣고 동그란 아이의 모습에서 오버랩되어 다가온다. 챠스키란 그 옛날 넓고 넓은 잉카 제국의 통신을 담당했던 발빠른 인간 파발꾼이었다.

쿠스코에서 리마까지 비행기로 약 1시간, 자동차로도 안데스를 넘기엔 2~3일 정도 걸린다는데, 그 고달픈 잉카 트레일을 단 4~5일만에 릴레이로 답파했다는 잉카 챠스키의 이야기는 언제 들어도 신선한 충격이다.

애당초 험준한 산악에서 터를 닦고 살아온 우리 인간은 본래 건각(健脚)이었다.

오늘날 문명을 자랑하며 으시대고 있는 현대인들이 긴 긴

세월 속에서 잃어버린 소중한 유산 중 하나가 있다면, 그것
은 옛날에 좋았던 우리들의 건각이 아닐까 싶다.

　몇 푼의 팁에 만족한 듯 '안·니·요·옹〜'을 연발하던
인디오 아이의 모습이 지금도 뇌리에서 사라질 줄을 모르고
있으니 차라리 배낭 하나 다시 둘러메고 '안·니·요·옹〜
을 만나러 마추피추로 한 번 더 떠나봐야 할까 보다.

그래도 무엇이
팔리는지?
그들의 조상
유물을 좌대로
삼아 노리개와
토산품 장사를
하고 있는 잉카의
후예들.

> 서울 주재 남미 대사관을 노-크 해보면
> 의외로 배낭여행 자료를 쉽게 얻을 수 있다.

- 브라질 대사관
  서울시 중구 을지로 1가
  192-11 금정빌딩 3층
  ☎756-3170
- 볼리비아 대사관
  서울시 종로구 운니동 98-78
  가든 타워 빌딩 1401호
  ☎742-6113
- 에콰도르 대사관
  서울시 성북구 성북동 330-275
  ☎743-1617
- 우루과이 대사관
  서울시 중구 남대문로 5가 541
  대우 센터 빌딩 1802호
  ☎753-7893
- 프랑스령 가이아나
  프랑스 대사관에 신청하면
  된다.
- 프랑스 대사관
  서울시 서대문구 합동 30번지
  ☎312-3272

- 칠레 대사관
  서울시 강남구 논현동 142
  영풍빌딩 9층
  ☎549-1654
- 콜롬비아 대사관
  서울시 종로구 종로 1가
  교보 빌딩 1312호
  ☎720-1369
- 페루 대사관
  서울시 용산구 한남동 76-42
  남한 빌딩 6층
  ☎793-5810
- 베네수엘라 대사관
  서울시 종로구 운니동 98-78
  가든 타워 빌딩 1801호
  ☎741-0036~7
- 파라과이 대사관
  서울시 종로구 운니동 98-78
  가든 타워 빌딩 603호
  ☎742-2190
- 아르헨티나 대사관
  서울시 용산구 한남동 733-73
  ☎793-4062, 797-0636

8

아마존

섭지만 건너 뛴 푸노

비행 스케줄 때문에 도저히 어찌할 수 없었던 티티카카호 행(行)의 취소 문제가 꼭 가보고 싶은 마음 간절했던 욕심만큼이나 심사를 끝까지 옥죄려 든다. 또다시 이곳에 와 본다는 것이 아마도 불가능이 아닌가 싶기도 하고, 그래서 푸노를 건너 뛰는게 더욱 섧다 할 수 밖에……

여기가 어디인데 마음만 먹으면 쉽사리 왔다 갈 수 있는 그런 곳이 아님은 기본 아닌가.

푸노(Puno)행 고산 열차에 몸을 실으면 11시간이요, 버스로는 13시간 거리라고 한다.

그 옛날 잉카 제국의 초대 황제였던 '망고까빠꼬'가 호수한 가운데 태양의 섬에 강림했다는 전설을 간직하고 있는 티티카카호(湖).남미대륙의 등줄기 안데스 산맥 한가운데 자리하고 있는 호수는 평균 수심 약 280m에 길이가 서울 대전간에 맞먹는 170km이며 해발 3,890m의 고산에 위치하고 있어 기선이 항해하고 있는 호수로써는 지구상에서 가장 높은 곳에 있다.

지금도 신비스러운 분위기가 수면에 감돌 때면 어디선가 그 무엇이라도 금방 나타날 것만 같다는 마력(?)에 이끌려 고산병이 심한 곳인데도 불구하고 많이들 달려가고 있는 곳이다.

호수 안에 있는 섬들은 그냥 보통 섬이 아니라 '토토라'라고 하는 갈대숲이 쌓이고 쌓여 섬을 이루었으니 결국은 물위에 떠 있다는 얘기가 된다. 그 위에서 물고기도 잡고 농사도 지으며 아들 딸 낳고 사람이 살아온지도 누대를 넘고 있으며 섬 안에 학교는 물론 교회도 있다니 더 말할 나위가 없다.

더욱 가상한 것은 호수을 오가는 교통수단인 배도 토토라로 만들어 띄우고 산다는데 갈대(토토라)의 인생치고 그만한 곳이 또 어디 있을까 싶다. 그 깊고 높고 험한 먼 곳까지 정벌해 들어간 스페인 군대의 무력 앞에 푸노의 원주민 우루족이라고 예외는 아니었을 터. 이리저리 쫓기고 쫓긴 삶이 결국은 물 위에 뜬 갈대의 인생이 되지 않았나 싶기도 하다.

생각하면 할수록 단숨에라도 달려가고 싶은 곳 티티카카 (Titicaca)호.

이제 그만 상상의 나래를 접어야지 계속 꿈속을 헤매다간 병만 날 것같다. 기분도 그렇지 않은데 낮에 치차(Chicha)라도 한병 구했더라면 안데스 막걸리 한잔에 시름이라도 달래 볼 것을 아쉽기가 그지 없다.

케나(피리), 삼포냐(플루트), 차랑고(키타), 북을 이용해 와와파를 연주하며 이별을 노래해 준 인디오 전통악사들.

이럴때 그래도 상비약으로 취급, 고이고이 간직하고 있는 고추장에 빠진 멸치와 고향주 한잔이 이렇게 명약(名藥)이 될줄이야.

쿠스코의 마지막 밤에 인삼주의 효험이 온 누리를 덮고도 남았으니, 술은 이래서 독과 약의 야누스적인 존재임에 틀림이 없음이다.

살아 생전 우리 아버지께서는 술취한 모양새를 일러 취객(醉客)십경이라 이르셨었다.

즉, 낙(樂), 설(說), 소(笑), 조(調), 창(唱)은 양반들의 술버릇인 반면, 노(怒), 매(罵), 타(打), 곡(哭), 토(吐)는 상 것들의 꼴불견이니 후오경은 항상 경계(警戒)하라 하셨다.

썰렁했던 초저녁의 분위기도 바꾸고 서울 생각도 잠시 달래볼 겸 '신 사랑가' 한 대목을 읊어 본다.

분위기에 감정까지 얹어 흥얼거리면 언제 불러봐도 일품이다.

……

사 사랑을 할려거든 요 요렇게 한단다.

……

요 내 사랑 변치말자 굳게 굳게 다진 사랑.

……

어화둥둥 내사랑 둥당기 둥당기 내 사랑.

……

마추피추를 휘감고 돌았던 우루밤바 강(江)은 결국 페루 국
토의 60%에 해당하는 열대 우림 지역과 볼리비아(Bolivia)
일부를 지나 브라질(Brasil)로 빠져 나간다.

즉, 마지막 남은 지구촌 인류의 희망 남미 정글에 물과 영
양을 공급하는 어머니의 강 아마존(Amazon)은 남 아메리카
의 젖줄로써 생을 다한 다음 대서양으로 합류한다. 오늘은
그 물길을 따라 '안데스 넘어 아마존으로' 해뜨는 동녘을
향해 떠난다.

비행기로 채 한 시간도 안되는 거리였지만 차로 달리면
대충 하룻길이라는데 만약 중간에서 차가 고장이라도 나는
날이면 몇날 며칠도 보장을 할 수 없는 정글지대를 건너야
한다니 그것은 생각만 해도 끔찍한 일이 아닐 수 없다.

다행히도 날씨가 쾌청한 탓에 하늘과 땅 사이의 시야를
툭 터주고 있어 여간 기쁘지 않다.

기내에서 내려다 본 남미의 정글은 동서남북이 어디이고
처음과 끝이 어디이며 굽이 굽이 돌고 도는 아마존 강줄기
는 어느 것이 본류이고 어느 것이 지류인지 도무지 감을 잡
을 수 없게 하고 있다. 창밖의 정글 숲이 좌우 모두 둥그스
름한 푸르름으로 끝간데 없으니 과연 지구는 둥글고 아마존
은 끝이 없다. 비행기가 고도를 낮추자 정글이 제 얼굴을 조
금씩이나마 더 많이 드러내 준다.

누런 흙탕물이 한 굽이 돌았는가 싶었는데 어디서 흘러왔
고 어디로 흘러가는지 명경지수처럼 맑은 물줄기가 뒤를 따

하늘에서 내려다 본 밀림의 아마존 강줄기가 마치 정글 속의 비단구렁이 처럼 끝없이 꿈틀거리고 있다.

른다.

원숭이 들이 천연덕 스럽게 나무 그네를 타 고 구관조 금관조가 태 양을 노래하며 비단 구렁이가 일광욕 하는 사이, 장난끼 많 은 오랑우탄이 그 옆에서 돌팔매질이라도 할 것만 같은 상 상속 대지의 낙원이 발 아래다.

그런데 강 건너 저곳의 상채기는 무엇일까.

태초로부터 입어내린 '지구의 제복' 정글의 푸른 옷이 찢 긴 자리에 누런 속살이 들어나기 시작하더니 인간의 냄새가 풀풀 솟는다. 문명이니 개발이니 하는 명분 아래, 나무를 자 르고 불을 질러 댔을 것이 뻔한 일, 평화롭던 동물 가족들은 뿔뿔이 흩어져 이산가족(?)이 되었을런지도 모를 일이며 곱 게 간직해온 신혼 부부의 원앙 금침에 담뱃불이 떨어져 구 멍이 난 듯 처녀림 곳곳이 군데 군데 뚫어져 있다.

사람 사는 곳에 가까이 왔음이다. 난개발의 난문제와 같은 일을 어쩌면 좋으냐고 고민을 하면서도 아직껏 풀지 못하고 '보존과 개발' 이라는 화두 속에 묻혀 사는 우리 인간들이다.

시골 버스 정류장보다 조금 넓은 공항 대합실은 양철 지 붕의 복사열 때문인지 바깥보다 더 후끈거린다. 온도계가 섭 씨 38도를 넘고 있다. 페루의 아마존이 볼리비아 아마존으로 이어지는 국경 인접 지역의 조그만 어촌 강마을. 아직 페루 국경을 벗어나지 않고 있건만 가옥 구조로 보나 사람들의 생김새나 그들이 입고 있는 의상으로 보아 도무지 안데스의 페루라고 하기에는 남다름이 너무 많아 무국적인 모양새다.

도대체 나 자신이 어느 나라에 와 있는지 헷갈리고 있다. 하지만, 그래도 여기까지는 예로부터 사람이 살아온 터전이므로 국적불문코 행복한 여정이었으나 이제부터 가야할 아마존 뱃길은 물도 설고, 나무도 설고, 사람도 설고, 말도 선 또 다른 이방의 나그네길이다.

배낭을 다시 꾸리고 만약을 위한 구급약도 살펴 챙겨본다.

우선 먹을 물(미네랄 워터)과 비상식으로 대체할 비스킷과 초코릿은 여기서 구입해야 할 것 같다. 모기향이나 물파스, 선그라스, 실 장갑, 라이타 등은 걱정이 없으나 건전지, 양초, 챙이 넓은 모자는 아무럼 보충해둬야 할까 보다.

땅콩, 야자대추, 아몬드를 라면 봉지에 담아 2개씩 묶어 1달러에 사라고 꼬마아이가 아까부터 따라다닌다.

우리나라와는 아무런 상관도 없을 것 같은 외방의 이역만리에서 난데없이 들려온 말 한마디 '꼬레아, 꼬레아, 남바르 완(Korea No 1)'이라는 귀가 번쩍한 소리에 '땡큐, 꼬레아 남바르 완, 페루 똘레도 남바르 완' 하면서 5달러나 주고 겁없이 5봉지를 샀다.

그녀석 용케도 한국인을 알아보는 혜안(?)을 갖았으니 앞으로 대성할 재목임에 틀림이 없을 것 같다.

이만하면 나도 애국자 대열에 들고도 남겠지!.

비몽사몽, 한낮의 꿈

서울을 떠나기 전까지 알고 있던 페루는 안데스 산록에 깊숙이 숨겨진 잉카 사람들의 이야기나 아니면 태평양 연안쪽으로 발달한 리마와 피스코, 나스카 정도 였던게 사실이었다.

하지만 아직도 페루 땅인 이곳은 아마존의 상류 지대로 예로부터 아마존 물길 따라 사람도, 물자도, 문화도 오르고 내렸으니 안데스 산맥을 축으로 건너편인 서부 리마 지역과 전혀 다른 동부 문화권으로 발달했음이 눈앞에 확연하다. 그것은 쿠스코를 중심으로 한 잉카의 산악 문화와도 맥을 달리하고 있음이다.

굳이 부둣가라고 하기에는 아무런 시설물도 접안 장치도 없는 강가에서 우리가 타고갈 배와 뱃사공을 고르고 짐을 옮겨 싣는다.

캐나다에서 온 노부부, 노르웨이 여대생 둘, 콜롬비아 청년 셋에 호주인 그룹 4명을 합쳐 열두명의 서로 다른 남남들이 한배로 떠날 차비를 서두르며 '우리'가 되었다.

황토색인지 갈색인지 아마존의 흙탕물 위엔 정기노선버스(큰 배), 정기 화물선, 영업용 택시(작은 배), 자가용(더 작은 보트)등 제 멋 대로 생긴 배들이 제 마음 대로 기대어 서로 붙들고 있다.

그 사이를 비집고 나온 우리 배가 시원하게 물살을 가른다. 좌우로 열대의 우림 숲이 무성한 가운데 이따금씩 인디오 마을이 지나가고 이름 모를 꽃들도 우릴 보고 손짓한다.

적어도 한강보다 넓은 강폭을 유유히 흐르고 있는 아마존 뱃길 따라 3시간 반을 유람한 끝에 어딘가 닿은 곳은 정글 속에 위치한 롯지 스타일의 캠핑장이었다.

통나무와 갈대로 엮어 만든 넓은 대청 마루엔 우리 키보다 훨씬 큰 바나나 잎으로 아치를 만들어 놓고 주인인 듯한 어른과 종업원처럼 보이는 서너 사람이 허리를 굽힌 묵례로 우리를 맞아준다. 전혀 예상치 못한 환영이었다.

여름과 겨울을 마구 넘나들고 있는 초강수 여행길에서 오늘의 날씨는 찌는 듯 서울 여름을 뺨치고 땀은 연신 흘러 눈까지 따끔거리는 판이라 그들의 인터내셔널 에티켓은 나그네에게 큰 위안과 기쁨이었다.

이곳에 들면 계속 마셔둬야 한다는 코카 엽차 한 잔이 입속에서는 뜨거웠으나 목구멍을 넘어가면서 부터는 매우 시원하였으니 이열치열도 이만하면 경지에 오른 셈이라고나 할까.

점심 준비를 위한 그들의 움직임이 시작된 듯 갑자기 부산하다. 업무 분담인지 일상의 진면목인지, 얼굴색이 다른 것 만큼이나 하는일이 서로 차별화된 행동들이 또다른 모습으로 가슴에 와 닿는다.

바람이 숭숭 드나드는 갈대의

아마존의 택시.
우리를 안전하고
신속하게 안내해 준
나룻배와 주인집
총각 비야 판초 군.

자에 몸을 반쯤 누이고 시원한
강바람 맞으며 잠시 숨을 고르
는 사이 밀려드는 오수에 깜빡
졸음이 눈꺼풀을 사정없이 내려
누른다. 꿈결에서 일까?

......

옛날에 조물주가 사람을 만들
어 세상에 내놓을 때 흙으로 형
상을 빚고 불로 구운 다음 생명을 넣어주었다는데 가마에서

백인, 황인, 흑인-
그 중에 진품이
따로 있단 말인가?
어불성설 이다.

굽는 과정중 너무 일찍 꺼냄으로써 조금 덜 구어진 것이 백
인(白人)이고, 그 실수를 두 번 다시 하지 않기 위해 넉넉하
게 굽다가 오히려 새까맣게 타버린 것이 흑인(黑人)이며, 연
거푸 잘못한 실수를 거울삼아 가장 알맞게 구워낸 진품(眞
品)이 바로 황인(黃人)이라고 했다.

이를 뒷받침이라도 하듯 구약성서 창세기 2장에는 '여호
와 하느님이 흙으로 사람을 빚으시고 생기를 그 코에 불어
넣으시니 사람이 생령이 된지라' 라는 대목도 있기는 있다.

......

지금 이곳 아마존 캠프에는 그 3색 인종이 죄다 모여있다.
물론 꿈속의 백인, 흑인, 황인에 대한 이야기는 황인종 우월
론자들이 즐겨쓰는 썰렁한 유머임은 두말할 나위가 없다.

어쨌든 인간은 진화론이든 창조론이든 인류 탄생 이후 지
금까지 자연적인 이주와 전쟁 등으로 인한 혼혈이 서로 반

복되면서 나라와 지역에 따라 서로 다른 피부색이 지금은 3
등분(3색인종)이 아닌 5등분으로 나뉘어 더욱 세분화 된게
사실이다.

　말하자면 니그로라는 흑인과, 코카소이드 라는 백인, 그리
고 몽골로이드라 일컫는 황인에 더하여 말레이인을 중심으
로 한 갈색인종과 아메리카 인디언으로 불리는 홍인종이 그
것이다.

　얼굴을 중심으로 한 피부색이 사람의 인격이나 우열을 가
려줄 리 만무하건만 아직도 유색인종에 대한 우월감에 사로
잡혀 있는 백인이나, 반대로 백인종에 대해 열등감을 감추지
못하고 있는 유색인종이 엄존하고 있음은 아쉽고 안타까운
일 중 하나다.

　아마도 이 롯지의 재산상 주인은 저기 저 백인 인것같고
검거나 불그레한 사람들은 고용인 인듯 싶다. 순수한 원주민
촌으로 가볼수는 없는 일이었을까.

　애당초 가고자 했던 곳은 벌거숭이 인디오 마을이었는데
통역이 잘못되었나 싶어 다시 물어보았더니 대답인 즉, 그곳
은 신변이 위험한 곳이라 아니된단다.

　왜 그럴까?

　아니 신변까지 위험하다니 그게 무슨 소리일까?

　그 쪽은 태연한데 나 혼자만 괜히 어리둥절 하고 있다.

　꿈인지 생시인지…….

정글 트레킹

오후의 대장정, 정글 트레킹을 나서는 차림새가 마치 '콰이 강의 다리'라도 폭파하러가는 특공대처럼 요란하다.

너무나 그럴 필요가 있을까 싶어 긴팔 옷으로만 갈아 입고 혹시라도 벌레에 물릴까봐 바르고 먹는 상비약과 윈드자켓을 챙겨 허리색 하나 차고 나서니 모두가 걱정 한마디씩 아우성이다.

코허리가 찡한 이방인들의 국제적인 충고를 가슴 따뜻이 안고 말로만 듣던 아마존 정글 속으로 출발이다. 들어갈수록 조금씩 어둠침침한 것이 금방 어디서 무엇이라도 나올것만 같다.

그래도 한동안은 리어커 정도가 족히 다닐 만큼 사람 손으로 닦아놓은 길에, 웅덩이를 끼고 질퍽질퍽 한 곳은 널빤지도 깔아놓고 작은 늪을 건널 땐 나무다리를 밟도록 배려한 것이 편코 좋으면서도 싱겁다는 투정 속에 우리를 안심시켜 주었으나 그런 호사는 한 시간 정도로 만족해야 했다.

이건 길인지 아닌지 진행속도도 엄청 느려졌거니와 가끔씩은 앞선 안내자가 큰 칼을 휘둘러 줘야만 우리가 지나갈 수 있었으니 시원스럽던 숲 속의 바람이 이제는 으스스한 냉기로 다가와 온몸을 소름으로 긴장시킨다. 동서남북이 어디인지 강물은 어디서쯤 흐르고 있는지 지금이 몇 시나 되었는지 아무 것도 알 수가 없다. 땀에 절어버린 옷의 축축함으로 짐작하기에 2시간은 족히 걸은 것같다.

나무와 나무, 썩고 넘어지고 거기서 또 새끼 나무가 자라고 그런 속에 왕나무 한 그루가 공룡처럼 뿌리를 내던져 놓고 우리의 앞길을 막아선다. 열대여섯 아름은 되고도 남을 밑둥엔 이전에 누군가가 다녀간 듯 걸터 앉을 만한 공간도 확보되어 있었고 사람의 발자국도 아직 지워지기 전이다. 누구도 아무런 말이 없었지만 그대로 주저앉아 물을 마시느라 곁눈질도 주지 않는다.

물은 코카잎을 우려낸 녹차로 여기서는 24시간 달고 다니는게 습관이란다. 중국 사람과 일본인들이 우롱차 등 각종 차를 마시듯 이들이 있는 곳엔 언제나 어디서나 코카차가 있다.

서구 사람들, 특히 아메리칸에 있어서는 콜라와 커피를 빼고선 얘기가 안될 터인데 안데스 사람들이나 이곳 아마존의 사람들이 굳이 코카차를 매양 달고 사는건 왜 일까.

지금 우리를 안내하고 있는 페루인디오 똘레똘카를 보더라도 외모만 동양인을 닮은 것이 아니라 식성까지 대충 비슷함은 아무리 생각해도 남같지 않음이다.

모두 확인해 본 것은 아니지만 아마도 언어를 제외한 나머지는 사고방식에 이르기까지 몽땅 닮고 있음이 역력하다.

비록 말은 통하지 않고 있지만 무슨 생각을 하고 있으며 무엇을 말하려는지 조차 눈빛과 안색 만으로도 어렵지 않게 소통하고 있으니 불

정글 깊은 곳에서 만난 천상의 호수에 아마존의 저녁노을이 빨갛게 물든다.

편하거나 어려운 점은 처음이나 지금이나 'No Problem'이다.
그러니 서방의 커피 대신 동방의 엽차를 함께 마시고 있음
은 지극히 자연스러운 순리 그 자체라고나 할까.

거기서 10여분 쯤 편히 쉬고, 걸어 온 만큼 더 들어갔을
때 우리는 지른 함성에 벌어진 입을 다물 수가 없었다.

바다인 듯 그러나 바다는 분명 아니고, 아마존 강줄기인가
했으나 흙탕물은 더욱 아닌 맑디 맑은 명경지수의 대호수가
어머니의 치마폭처럼 어서오라 우리를 맞는다.

아 – 여기가 어디인가.

백두산 천지를 닮은 듯 미동도 하지 않는 수면 위로 이름
모를 물새떼가 어미따라 한 무리 지나간다. 사람소리에 놀랐
는지 나무위의 금관조가 구 – 구 – 구 거리며 날개짓을 퍼
덕이고 나무늘보 원숭이 새끼 다섯 마리는 웬 침입자인가
싶었는지 경계를 하려는 듯 깩.깩.깩.깩 소리지르며 나뭇가지
를 흔들어 댄다.

"저 녀석들이 좋다는 거여, 싫다는 거여"

"그야 무서우니까 경계하자는 것 아닐까"

"무섭다니 누가?"

"누가 하는 당신들같은 사람이 제일 무섭겠지"

"아무렴 그럴려구 내가 얼마나 부드러운 남자인데"

"……"

그렇게 혼잣말로 중얼거리며 걷고 있는데 나무막대 하나
가 허공을 날자 숲 속은 갑자기 천지개벽이라도 난 듯 사방

팔방에서 별스런 동물들이 괴성을 지르며 후다닥 거린다.

'아니, 누구 짓이야' 싶었지만 이미 때는 늦은 듯 무례한 인간이 죄없는 짐승들에게 큰 죄를 짓고 말았다.

여기가 어딘가. 저들 온갖 짐승들과 물고기와 새들과 기화요초들이 서로를 해코지 않으며 살아가고 있는 그들 만의 세상 지상낙원이 아닌가. 다행히 똘레똘카가 없었기에 망정이지 만약 그가 우리의 행동을 목격했더라면 '야·만·인·들!'이라며 실망이 컸을지도 모른다. 그렇다면 우리는 영락없이 야만인이 될 수 밖에 변명의 여지가 없었을 아슬아슬함 이었다.

잠시 후 어디선가 쪽배를 타고 나타난 그에게 있어, 이 배한척은 똘레똘카네 집 재산 1호란다. 우리는 제풀에 놀라 쉬-쉬- 거리며 배에 올랐고 그 배는 노 젓는 대로 호수 가운데를 향해 미끄러져 갔다.

절로 콧 노래가 나온다.

누가 먼저랄 것도 없이 흥얼거린 노래 소리는 국적을 초월한 이심전심(以心傳心) 이었을까?

......

che bella cosa na iurnatae sola

naria serena dop po na tempesta

pe llaria fresca pare gia na festa

che bella cosa na iurnatae sole

O sole O sole miO

......

이 물은 언제 적부터 여기 있었을까.

저 울울창창한 나무들은 어디까지 저렇게 푸르를까

일곱빛깔 새들은 가족이 몇이나 될까

물고기들은 무얼 먹고 살까

보고 싶은 이구아나는 왜 아니 보일까

밀렵꾼 낚시꾼 없는 이곳은 누가 주인일까

숲속의 요술공주는 언제쯤 만날 수 있을까

......

이러다 악어라도 나타나는 날이면 우리는 어떻게 되는 걸까?

......

요요새는 온종일 가람나무에 앉아 자신들에게 강과 숲과 싱그러운 바람을 준 하늘과 땅에 감사하고 세상의 모든 것을 칭송하며 살았다.

새들은 가람나무 열매를 맛있게 따먹었고 그런 모습을 재롱 삼아 보아온 나무들도 흐뭇해하면서 요요새와 가람나무는 오래전 부터 그렇게 자신의 모든 것을 아낌없이 나누며 행복하게 살고 있었으니 그러한 이곳 아마존은 바로 지상낙원임에 틀림이 없었다.

그러던 어느날 가람나무 위에서 난데없는 외마디 소리가 들리면서부터 낙원의 평화는 깨지기 시작했다. 요요새 한 마리가 인간의 손에 붙잡혀 처절한 비명을 지른 것이다.

"흐-흐-흐- 이걸 박재로 만들어 팔면 큰돈을 벌겠지, 바다 건너에 사는 돈많은 녀석들은 요놈을 보면 사족을 못쓴단 말이야"

요요새를 움켜쥔 사나이가 의기양양하게 으시대며 새의 날개를 치켜든 순간, 오색영롱한 속날개의 눈부신 빛깔은 조물주가 빚은 아름다움 그것이었다.

그런 일이 있은 며칠 후, 강물 위에 또 다른 한마리의 요요새가 주검으로 떠올랐으니 그 새는 얼마전 사람들에게 잡혀간 요요새의 짝궁이었다.

그것은 세상에서 가장 아름답고도 슬픈 요요새 가족의 오랜 인습으로 누군가한테 잡혀간 요요새는 아무 것도 먹지 않음으로써 스스로 자기 목숨을 끊고, 짝을 잃은 요요새는 어김없이 자결로써 그 뒤를 따르고 있음이었다.

날이 갈수록 요요새를 잡으려고 아마존으로 몰려드는 사람들의 숫자가 많아지면서 차츰차츰 요요새의 노래 소리는 뜸해져갔고, 마침내 아마존은 더 이상 그들의 낙원이 될 수 없었다.

가람나무 식구들은 한없이 슬퍼졌으며 사람들이 그렇게 턱없이 요요새를 잡아가는데도 아무런 저항도 할 수 없는 자신들의 무능에 절망하고 또 절망했다.

가람나무에 있어 요요새는 자기자신의 씨앗이나 다를 바
가 없었음인데 이는, 요요새의 먹이는 가람나무 열매요 가람
나무의 씨받이는 바로 요요새였으니 가람나무와 요요새는
서로가 이 지구상에서 없으면 안될 숙명의 끈을 한데 묶고
태어난 공생(共生)관계였다.

말하자면 가람나무는 요요새에게 일용할 양식을 주었고
요요새는 그 나무의 열매를 먹고 뱃속에서 새 생명으로 잉
태시켜 주는 역할을 해왔던것이다.

마침내 강변 가람나무 숲엔 가족을 모두 잃은 한쌍의 요
요새만이 외롭게 남아 슬피 울며 이렇게 이야기했다고 한다.

"우리가 떠나가면 저 숲도 사라지겠지요, 그러면 인간들은
이 강가에서 어떻게 살아갈까요"

새들의 탄식을 끝으로 마지막 남았던 요요새 부부는 강변
을 떠났고 가람나무는 원망할 수도 만류할 수도 없어 슬펐
지만 별 도리가 없었다.

그후 영롱한 요요새의 날개짓을 다시는 볼 수 없게 되었
고 번식을 잊은 가람나무도 하나 둘씩 말라 죽고 베어지고
꺾이어 숲은 자꾸만 황량해져갔다.

마침내 그곳엔 한 그루의 가람나무만이 덩그러니 남아 아
름다웠던 요요새와의 지난일들을 생각하며 이 세상에 하나
뿐인 존재로 하루, 이틀, 사흘, 또 한해, 두해… 를 그렇게 쓸
쓸히 서있다고 한다.

지구상에 단 하나뿐인 가람나무가 그 종(種)을 번식시키

려면 무지몽매한 인간들이 쫓아버린 요요새가 다시 돌아와
야 한다.

숲을 떠난 새를 찾아야 한다.

이 가람나무 마저 죽으면 인간들도 결국은 살아남을 수가
없을 터이니 말이다.

문학의 집, 유만상님의 글 '나무와 새'에 얽힌 실상의 절
규가 아마존 숲을 빠져나오면서 이토록 가슴속을 저미는 메
아리로 남아 발걸음을 서성거리게 할 줄이야.

아 ? 내일은 가람나무를 보러 가야겠다.

가서 요요새도 한번 찾아보고 싶다.

달밤에 대소동

1만리도 더 길게 흘러간다는 아마존 만큼이나 길었던 장장
하일의 하루 해가 끝이 나고 있다. 뱃길을 멈추고 숙소로 돌
아왔다. 집이라는게 이렇게 아늑하고 좋을 수가 없다. 물론
우리 동네도 아니고 내 집도 아니지만 말이다. 금방 어두워
진 뜰엔 가로등 대신 화염병처럼 만들어진 불꽃이 땅바닥에
서 모든 안내를 도맡고 있다. 밥 먹는 곳, 담배 피는 곳, 차
마시는 곳, 배타러 가는 곳, 원주민이 머무는 곳 등 등.

각 방에 배당된 석유 램프 2개, 물 2병, 바나나 1손, 코카차
2병과 겔 타입의 바르는 모기약 2포씩을 분배받아 숙소(갈
잎 원두막)에 막 오르려는데 룸메이트 콜롬비아 청년이 으

악 비명을 지른다.

저기— 저기! 하며 호들갑을 떠는 곳엔 그러나 아무것도 없었다. 덩달아 머리 끝이 쭈뼛하기는 하였으나 그래도 내쪽이 어른인데 함께 소리지를 수도 없는 일, 오히려 옆집(?)에서 알아차리고 무슨 일이냐며 다가오고 그 건너 캐나다 부부까지 램프를 들고 뛰어온다.

미스터 호세군 왈, 팔뚝을 쭉 뻗으며 그 만한 거시기(?)가 자기와 눈이 맞았다는 얘기다. 그 거시기가 아나콘다일까, 그러기엔 조금 짧은 듯 하고, 이구아나 일까 했지만 그 놈은 이 근방에선 나타나지 않는다고 어제부터 누누이 설명하고 있다. 그 놈이 있었다는 곳이 지붕과 벽 사이의 틈새이고 보면, 혹시 도마뱀이 아닌가 싶었으나 그렇게나 컸을 리가 조금 의심스럽다.

함께 램프 3개를 치켜들고 전진 또 전진, 온통 나무판으로 지어진 계단이며 마루바닥이라 삐그덕 삐그덕 요란스럽다.

밤의 정적이 시끄러웠는지 한 두뼘짜리 도마뱀 일가족이 슬금 슬금 도망을 간다.

"그러면 그렇지 도롱뇽 이잖아"

"저 놈은 해코지 안해. 노 프러블럼이야"

"그런데 뭐 팔뚝만한 거시기가 어쩌구 저쩌구?"

"……"

알아듣거나 말거나 혼자 궁시렁 대면서 염려스러워 찾아온 이웃들을 돌려보내고 샤워 포기, 세수도 포기, 이 만 겨우

닦았다.

물이 너무 차다는게 명분이기는 하였으나 진짜 이유는 좌우간 그놈이 또 나타날까 나도 무서워서였다.

램프 2개 중 하나는 문 밖에 걸어 놓아 '사람 있음'을 표시하고 나머지 하나도 켜놓은채 잠자리에 누웠다.

조심조심 그러나 열심히 잠을 청하고 있는데 이번엔 어디선가 싸이렌 소리가 들려온다. 눈을 떠보니 동숙지우(同宿之友)의 인연을 맺은 운명의 파트너 미스터 콜롬비아가 벌써 일어나 앉아있다. 그리고는 로뎅의 생각하는 사람처럼 골똘히 연구에 열중하는 폼이 딴엔 심상치 않은 모양인데, 23세 펄펄한 청춘 호세군 답지않게 곰살스러운 모습이 오히려 우수깡스럽다.

화두는 보나마나 '그것이 알고 싶다' 그것이겠지.

잠시 귀 기울여 본 그것은 연구대상 축에도 들지 않는 모기였다. 낮에 관리인에게서 설명들은 대로 민물 고기잡이 투망처럼 생긴 원형 모기장을 밑자리까지 잘 펴서 빈틈없이 꼭꼭 눌러놨거늘 어느 틈에 들어왔는지 한방 물린 곳이 몹시 간지럽다. 긁었더니 볼록 부어오른다. Made in U.S.A의 바르는 모기약도 소용없었단 말인가.

반나의 두 남자가 아마존의 심야에 모기 사냥이 웬말인가 싶겠지만 그러지 않고서야 이 밤을 어쩌겠는가.

우리 조상님들께서도 사불여차할 땐 견문발검(見蚊拔劍)이라고 했다. 파리채로 사정없이 토벌하고 나니 싸이렌 소리가 없어졌다. 이놈들, 용서해 다오. 내 고향에서는 나도 너희들에게 좋은 일 많이 했노라. 하지만 여기서는 아니된단 말이다. 왜냐하면 아직 갈길이 너무 멀거든…….

한낮의 꿈이 서렸던 갈잎숙소에도 어김없이 밤은 찾아오고—

잠을 잘 자두는 것이 보약보다 나은게 여행수칙 1호다. 어서 코라도 골았으면 좋겠는데 잠을 다 쫓아 버렸으니 이를 어쩐담.

뜬금없이 고향 생각까지 들다 보니 향수 속에 그리움마저 일렁인다. 벌써 고국 떠나 방랑한 나그네길이 꽤나 여러날 아닌가.

어느 여름날 모깃불 피우던 밤, 왕겨 타던 냄새가 코 끝에 와 닿는 것 같다. 모기가 달려들어도 옆에서 주무시는 어르신께 날아 갈까봐 참고 쫓지 않았다는 오맹지효의 이야기도 생각 난다.

……

앞벌 논가엔 개구리떼 소리
뒷 곁 삼 밭에는 오이 냄새
저녁마다 한귀퉁이 범산 넝쿨
엉경퀴, 다북쑥, 이러한 것들이
생것으로 들어가 함께 섞여 타는

……

쌩둥맞게 노천명이 써 남긴 모깃불 한 구절까지 스쳐간다.
이런 저런 상념과 그리움들이 단잠을 자꾸 쫓는다.
사랑하는 사람들이 보고싶다.

원초적 원시고요

소로우의 〈웰든〉을 처음 읽은건 재작년 겨울방학 때였다. 그리고 올여름의 여행을 위해 다시 챙겨 읽은 건 출국 전 밤샘의 강행군이었다.

감명깊은 한권의 책이 이곳 아마존의 아침에 되살아 나고 있다.

그곳 콩코드 박물관에는 아주 간소한 그의 유품들이 전시되어 있었다. 주인공 헨리 데이빗 소로우는 하루에 적어도 4시간 이상을 걷는 생활로 일관했다는데 온갖 세속적인 얽힘에서 벗어나 산과 들과 숲 속을 걷지 못한다면 어찌 건강과 영혼을 온전하게 보전할 수 있을까라고 중얼거리며 걸었다고 한다.

까치소리에 귀가 시끄러워 일어난 숙소가 꼭 웰든에서 살았던 소로우의 오두막과 비슷하다. 미국 메사추세츠 주 콩코드 근교의 웰든에 갔을 때 둘레 약 10리쯤 될까 말까 했던 호반길을 주인공처럼 걸어 보았던 기억이 떠올라 그때의 추억을 되짚으며 아마존 강가로 나갔다.

아침 산책에 명상을 곁들이면 이보다 더 좋은 적금(?)은 없음이 아닌가.

먼 훗날 노후에 돈과 시간이 조금더 여유 스러울 때 찾아 쓸 무기한의 묻지마 적금 말이다.

얼마 쯤 걸었을까, 정글에도 강물에도 집 하나 사람 하나 없는 강가에 웃통을 벗어 제친 인디오 아저씨가 통나무 쪽 배 위에 미동도 없이 곧추서 로댕의 조각처럼 대나무 활을 힘껏 당기고 있다. 내 눈엔 황토빛 누런 물속에 무엇이 있을 까 아무 것도 보이지 않는데 그는 잠시 후 팔뚝 만한 물고 기 한 마리를 꿰어 올린다. 월척을 낚았는데도 전혀 무표정 한 그의 얼굴과 행동이 마치 성인(聖人)연 하다.

자연 속에 사람이, 사람 속에 자연이 저런 것이구나를 그 냥 중얼거릴 수 밖에 달리 아무말도 할 수가 없다. 강가엔 그의 아들인 듯 꼬마아이 하나가 벌거벗은 몸으로 고기망태 를 지키고 있다. 낯선 이방인에게도 전혀 거리낌 없이 천진 스럽게 웃어 보이고 있는 인간 원형의 미소를 머금은 아마 존의 어린이에게 감히 무어라 아침인사를 해줄 수 있을까 '굳모닝'도 '안녕'도 모두가 너무 약하다는 생각에 입이 떨

자연 속에 사람이,
사람 속에 자연이
과연
원시공감 이다.

어지지 않아 그냥 빙그레 미소만 건네 주었다.

산과 수목이 다르고 토양과 물 색깔에 계절까지 다른데도 불구하고 원시성이라는 공통점 하나가 자꾸만 월든의 기억을 되뇌이게 한다. 그때, 그 호수 북쪽엔 1백 5십여년 전 소로우가 살았던 오두막의 터가 있었고, 돌 무더기 옆엔 안내판인 듯 널빤지에 이런 글도 새겨져 있었다.

'내가 자청하여 혼자 숲 속으로 들어온 것은 인생 그 자체를 내 방식 대로 살아보고 싶어서였다. 즉, 삶의 본질적인 문제에 대하여 내 자신이 얼마나 배울 수 있을지 그 해답을 얻어보고 싶다. 그리하여 죽음에 이르렀을 때 내가 과연 헛된 삶을 살지는 않았구나 하는 깨달음을 얻기 위함이다'

너무 오랜 세월 탓에 그가 살았던 집은 없었지만, 모형으로 다시 꾸며놓은 오두막엔 좌우에 큰 창이 있었으나 커튼 같은것은 없었다. 소로우 본인의 말을 빌린다면서 "해와 달 이외에는 밖에서 들여다 볼 사람이 아무도 없기에 굳이 커튼을 설치할 이유가 안팎으로 없었다"는게 안내자의 설명이었다.

그가 콩을 심고 감자와 옥수수를 가꾸는 일은 자연을 배우고 삶을 깨닫는 과정과 다름이 없었으며, 그런 의미에서 하버드 출신인 그가 국가를 위해 공적인 일을 함으로써 남길 수 있었던 업적보다 〈월든〉이란 책을 씀으로써 인류에게 남긴 유산이 훨씬 더 컸음은 오늘을 사는 현대인에게 시사하는 바가 크다.

그의 생활신조가 '간소하게, 간소하게 살자' 였음은 널리 알려진 이야기다. '제발 바라건대 그대의 일을 서너 가지로 줄일 것이며 열 가지나 백 가지가 되도록 하지 말라. 자신의 인생을 단순하게 살면 살수록 우주의 법칙은 더욱 더 명료해 질 것이다. 그 때라야 비로소 고독은 고독이 아니고 가난도 가난이 아니게 된다'고 구절구절마다 역설하고 있는 소로우다.

부용화를 닮은 듯 열대의 꽃이 빨갛게 흐드러진 강 언덕을 산책하는 동안 생각의 나래가 북쪽나라 콩코드의 웰든호수까지 오르락 내리락 하였으니 인간이 사바 세계를 떠나 있으면 앉아 천리도 볼 수 있음이 거짓 아닌 사실임을 조금은 실감할 것 같은 아침이다.

원시에 대한 끊임없는 향수의 발로라고 해도 좋은,

아! 원초적인 원시공감이다.

이별연습

오늘은 페루땅을 떠나야 하는 날.

시원섭섭함과 아쉬움에 어떤 희소식이 나를 기다려 줄까 괜히 궁금했는데 지금 저 건너 나뭇가지에 족히 3십여 마리도 더 무리지어 앉아있는 새들은 까치가 아닌 까마귀가 아닌가. 그러고 보니 요번 여행길에서 까치를 본 적은 없으나 새까만 까마귀는 더러 보았었다.

그렇다면 이른 아침에 단잠을 깨운 것도 필경은 까마귀임에 틀림이 없겠으나 우리의 선입견상 까마귀는 흉조요, 까치는 길조인지라 길조를 택하고 싶은 심정에 보지도 않은 새를 까치라 속단했던 것같다.

까마귀를 마치 죽음의 상징인 것처럼 재수없는 새라고 생각했던 것은 한국인에게 특유한 문화 인식의 단면을 엿봄이 아닌가 싶을 때가 종종 있었다.

그렇다면 원래부터 까마귀를 죽음의 새라고 인식했었을까. 그것은 분명 그렇지 않음일게다.

고구려 고분 벽화에 그려진 태양을 보면 그 속에 다리가 세 개 달린 까마귀가 나오고 그 이름 또한 삼족오(三足烏)라 했다. 이처럼 태양을 까마귀로 상징화 한 것은 고대 문화에서 흔히 볼 수 있는 그림이므로 태양을 신성시하고 사는 이 나라에서는 적어도 까마귀가 흉조는 아닐 성싶다.

까마귀는 성장해서 새끼 때 어미가 키워준 은혜를 잊지 않고 늙은 어미를 위해 먹이를 물어다 준다고 하여 효를 깨우쳐 주는 새로써 반포(反哺)라 일러왔다. 까치에게서는 찾아 볼 수 없는 기가막힌 스토리다.

그토록 신성한 날짐승이었던 까마귀를 흉조로 전락시킨 이유는 아마도 색깔에 대한

하룻밤 만이라도
꼭 한번
동숙지우(同宿之友)
가 되어 이야기꽃을
피워보고 싶었던
아마존의 원시가족

인식 변화를 일으킨 근세의 일이 아닌가 싶은데 검정색이 어쨌기로 아무런 근거도 없이 흉조라 박대한 인간 처사가 경솔했던건 아니었을까.

하물며 색에 대한 편견의 심대함으로 피부색이 검다고 검둥이니 니그로니 하면서 사람까지 차별을 한 대서야 어불성설이 아닐 수 없다.

하늘에선 까마귀가 까욱까욱 새 날을 노래하고 땅에선 들꽃들이 방긋 방긋 웃음 짓고 있는 이곳은 분명 천사들의 낙원 임에 틀림이 없음이다.

가냘프지만 저토록 예쁜 아마존의 들꽃이 보살피는 이 없었을 텐데도 저 홀로 잘도 피어있다. 여기저기 무리지어 많이도 피어있다.

이곳이야 사철 더운 곳이니 아무런 염려가 없겠지만 우리나라 처럼 춘하추동이 분명한 곳에서는 여간 힘들지 않은게 야생화의 일생이다.

엄동설한에 아무 것도 살아남지 못했을 것 같은 꽁꽁 언 땅을 비집고 나와 세상에 봄이 왔음을 처음으로 알리는 복수초와 제비꽃이 있는가 하면, 시골집 토담 밑이나 길가 어디서고 질경이는 햇살처럼 잘도 핀다.

서서히 초록이 짙어질 무렵이면 나팔꽃이 넝쿨을 뻗어가며 온갖 나비를 유혹하고 야산 자락이나 들판에 피어나는 하얀 찔레꽃은 다소곳한 요조숙녀 처럼 순박하기 그지없다.

여름이 가고 가을이 무르익으면 들국화와 흐드러진 쑥부

쟁이를 만나 연보라빛 순수를 피워낸 애잔함을 본다. 들꽃은 여리디 여려보이지만 공해로 찌든 도심의 작은 공간에도 뿌리를 내리며 생을 지탱한다.

심지어는 쉼없이 밟고 지나다니는 보도 블록 틈새에서도 꽃을 피운 민들레의 강인한 생명력에 새삼 놀란 일도 한 두 번이 아니다.

태양 만이 작열하는 허허로운 이 외진 곳에 제비꽃이랑 민들레와 쑥부쟁이는 아니더라도 이름모를 온갖 기화 요초 들이 옹기종기 꽃망울을 피워놓고 나그네의 발길을 사로 잡는다.

사람이 억지로 가꿔낸 꽃이 아니어서 더 더욱 미쁘다.

저희들끼리 얽히고 설키며 키자랑도 하면서 큰 놈은 큰 대로 껑충 뛰어 뽐내고 작은 녀석은 작은 대로 서로 의지하며 땅바닥에 드러누워 애교를 떤다.

하늘도 보고, 땅도 보고, 새도 보고, 들꽃도 보고, 흐르는 아마존의 물길도 보고…….

어느새 아마존의 아침이 후딱 밝아진 모양이다.

아침을 먹으면 우리는 뱃길을 서둘러야 한다.

떠남을 위한 또 한 차례의 이별 연습을 치러야 할까 보다.

감정이 있는 사람들과의 헤어짐도 쉽지 않거나와 그도 저도 없는 산천 초목들과의 이별이라고 쉬운 것은 아니다.

모두가 앓고 넘어가야 할 또 한 번의 '가슴앓이'다.

9

귀로

리우, 리오, 히오
청풍명월 부여집 할머니
펠레 축구장
샘바, 삼보, 쌈바
안녕 브라질리아
부에노스 아이레스
엘 카미니토와 탱고
월드컵에 목숨 걸고
아직도 에비타
신이 내린 선물 이과수

리우, 리오, 히오

남미 대륙을 절반이나 차지하고 있는 나라.

미개발 정글에서 세계 3대 미항 리오와 함께 한 나라.

스페니쉬 대신 포르투갈어가 공용어인 나라.

흑인, 백인, 황인종에 유럽, 중국, 아랍계까지 뒤섞인 나라.

커피에 낙천주의와 다이나미즘을 즐기는 나라.

쌈바, 카니발, 축구의 나라 브라질(BRASIL).

녹색이라고도 파란색이라고도 할 수 있는 잔잔한 바다 위에 럭비공이 거꾸로 솟아있는 듯 이채로운 원추형의 산들로 점점이 이어진 해변은 마치 진주 목걸이를 늘어놓은 것 같다.

하늘에서 내려다 본 리오(Rio)의 첫인상이다.

오늘은 사람들이 북적이는 문명사회로의 새로운 회귀(回歸)다.

포르투갈로부터의 독립, 우리 동포들의 이민, 보사노바 음악의 발상지로써 오래 전부터 익히 알려져온 리오 데 자네이루(Rio de Janeiro)는 그렇게 내 앞에 다가왔다. 너무나 멀리 떠나온 서울과의 거리가 아쉬워(?) 귀국길엔 꼭 한 번 들려보고 싶었던 곳이라 기쁘다.

마젤란이 세계 일주를 떠나기 20년 전 포르투갈 사람 베드로 카브라알(P. Cabral)이 항해 도중 표류하다가 구사일생으로 몸을 구하고 뭍에 올라 너무나 감격한 나머지 이 강이 아니었으면 우리가 어찌 살았으랴 싶어 마침 그때가 서기 1500년 1월이라 그곳을 '일월(一月)의 강(江)'이라 불러본 것이 '리오 데 자네이루'라는 지명의 탄생일화라고 한다.

강이 아닌 섬 속의 바닷가 천혜절경인 그곳이 지금은 세계 최고 미항임을 유감없이 자랑하고 있으니 여기까지 아니 오고 그냥 귀국 했더라면 두고두고 섭섭할 뻔했다.

서울 시내 남대문 시장을 찾아가듯 이들의 삶터인 사람 냄새 물씬한 시장을 한바퀴 둘러본 다음 이곳에서 제일 높은 곳 코르코바도(Corcovado)언덕에 올라 리오의 상징 예수상 만나보고 한 눈으로 리오를 쓸어본다.

특이한 모습의 산들을 연결해 놓은 듯 해안선이 하얀 눈썹을 만들며 보기에도 시원한 모래사장을 시내 도처에 나눠주고 있어 도시 공간이 넉넉하고 막힘이 없어 보기에 참으로 좋다.

그 사이사이에 모자이크 무늬처럼 솟아오른 빌딩군들은 마치 리오 사람들의 활기를 뿜어내고 있는 용광로 같다.

모두가 삭막하지 않고 아기자기하게 가꿔놓은 모습을 대함에 사방팔방 숨이 막힐 정도로 아름다운게 보고만 있어도 '신의 창조'인 것 같아 감탄사가 절로 난다.

저 건너 북한산 인수봉과 비슷하게 생긴, 그러나 바다에서 곧바로 치솟아 오른 팡 데 아수카루 바위섬(해발 390m)의 기묘한 생김새를 놓고 사람들이 그냥 '빵섬'이라 부르고 있음은 차라리 애교 만점이다.

백운대보다도 낮은 불과 해발 710m 밖에 아니되었던 코르코바도에서 톱니바퀴 열차를 타고 내려오는 동안 사람의 발길을 거부한 채 태고(太古)를 간직하며 고스란히 유지되고 있던 좌우의 원시림은 그 어떤 보물 못지않은 값진 자연유산이었다. 왜냐하면 다이아몬드나 황금은 또 캐고 또 만들면 재생도 가능하지만 개발로 망가진 자연의 본 모습은 동일 세대에서는 영원히 볼 수 없기 때문이다.

사람이 사는 도심 가운데 원시의 정글이 그렇게 함께 하고 있었다는건 무엇과도 비교될 수 없는 고귀함 그 자체다.

서울의 남산이나 북한산을 그렇게 만들고 가꿀 수는 없는 일일까. 곰곰 생각의 나래를 펴다가 금방 열차에서 내리니 그곳이 바로 다운타운이었던게 지금도 생각하면 기가막힌 절묘함이다.

이곳 역시 많은 차들과 오토바이가 뒤섞인채 애틀란티카 대로를 마구 달린다. 대서양으로 향한 3㎞의 코파카바나 해안은 마치 인도 봄베이의 진주 목걸이 해변과 흡사하다.

한쪽은 모래사장에 푸른 바다가 끝간 데 없고 건너편은 호텔, 레스토랑, 뷰티끄, 항공사, 은행, 선물코너, 쥬얼리 등이 저녁채비를 하려는 듯 하나둘씩 휘황한 간판들을 밝히고 있다.

"히야 ? 이거, 오장육부가 빙빙 돈다 이거"

하늘에서 곧 바로
내려 오셨을까?
리오의 상징
코르코바도 산상의
거대 그리스도 상.

"앗따 이 사람, 아마존 촌놈이 촌티 내는군"

"촌티고 촌놈이고 저 레스토랑에 한번 들어가 보았으면……."

"……."

이런 것도 문명의 충돌일까?

꼭 그렇게 중얼거리고 싶은 마음을 다잡으며 천천히 걷고 또 걷는다.

잠시의 휘청거림을 달래고 그쪽이 아닌 이쪽 바닷가 모래 사장으로 발걸음을 옮겨 본다. 어디서 나타났는지 흑인 젊은 이가 쏜살같이 쫓아와선 '마치? 마치?' 한다. 마치 장사가 마침 잘 왔다싶어 '헬로?' 불러 세웠다.

책에서 배운 대로 "마치 콘 리몬, 플리즈" 했더니 그 젊은 이 웬 횡재인가 싶었는지 콧노래에 휘파람에 신이 나서 엉덩이까지 삐쭉삐쭉 흔들거리며 땡큐! 당케! 그라시에! 아리가또! 다. 그런 것 말고 '감사 합니다'를 가르쳐 보았으나 캄-캄? 캄싸-하다가 만다.

젊은이에게 '캄싸' 만이라도 좋다며 그렇게 해주길 바랬더니 "예스, 오케이, 캄싸-캄싸-꼬레아" 한다.

마치 콘 리몬 한잔 속에 동서양의 맛이 함께 공존하고 있다.

그렇다면 '퓨전'이랄 수밖에 없을 터……,

우리는 지금 가히 지구촌 한 마을 시대에 살고 있음이다.

자동차가 어디로 가고 있는지 아무리 지도를 살펴보아도 알 수가 없다. 서울처럼 동서남북의 개념이 서지도 않을 뿐더러 도심을 지나는가 싶으면 해변을 달리기도 하고 바닷가인가 했더니 어느 섬으로 들어가기도 한다. 게다가 이젠 날까지 저문 탓에 아예 길 배우는건 포기하고 그냥 흔들거리며 내 맡길 뿐이다.

어느 교외로 빠지는 것 같다.

어딘가는 가로등도 드문드문 한데다 지나는 골목들이 침침하고 괴괴하여 물어 보았더니 슬럼가였다고 한다. 그리고도 한 시간쯤 더 빠져 나왔을까 비탈진 언덕 마을로 차가 올라서니 앞으로 시야가 터지면서 바다가 다시 보인다.

조용한 시골 마을에 온 듯 마음이 가라앉는다. 낮에 보았던 히오(현지인들은 리오를 히오라 부름)와는 전혀 다른 나라에 온 것같다.

치안상 어쩔 수 없다며 대문을 이중 셔터로 열어준 그 집은 우리 동포 부여집 할머니댁이었으니 확실히 딴 세상에 와 있음이 분명하다. 가까운 친척이 아니라 망설임도 있었으나 히오에 오기 전 체면불구 전화를 걸었었다.

첫마디에 무슨 소리냐며 "여러 말 말고 와서 먹고 자고 마음대로 여러 날 있다가 가고 싶을 때 가라"고 했다.

세상에나 그렇게 고마운 분들이 공항에까지 마중을 나와 주었으니 몸둘 바를 모를 지경에 이게 웬 홍복인가 싶어 감개가 무량한데다 이제껏 안데스 넘어 아마존으로 원시를 박박 기어나온 처지라 황홀지경(?)이 아닐 수 없다.

할머니를 뵙고 인사를 나눈 자리에서 내 어릴적 고향이 금산이라는 말에 할머니께서는 두손을 덥썩 잡으며 충청도 청풍명월이 오셨네 하셨다.

청풍명월(靑風明月)은 충청인의 상징으로 두루 쓰이고 있는 대명사인데 그것까지 아시는 걸 보면 여기 오신지 과히 오래진 않은 것 같다. 여쭈어 보았더니 아들 딸네가 모두 이곳에 살고 있으므로 할아버지 여의시고 나서 할 수 없이 떠나온 지가 이제 4년 째라 하신다.

자제들은 일찍이 건너와 자리를 잡은 듯하여 크게 안심은 되었으나 그래도 낯선 집에 든 길손이라 어려움이 쉽게 가시지 않는다.

괜히 집구경 한답시며 서성거리고 있는데 "어여 손씻고 밥 잡수셔야지, 배 고 플 텐 데" 하신다.

"아니 괜찮습니다. 천천히 먹지요 뭐" 하고 대답하니

할머니가 보여주신 브라질 판 우리말 리오의 안내 팜플릿. 볼수록 정겹고 대견하다.

"아니 무슨 소리여, 비행기 타고 왔다면서 얼마나 배가 고플꺼여, 어서 들어오소"라며 손목을 잡아 끄신다.

옛날에 우리 어머니께서도 자나깨나, 들어가나 나가나 자식들 밥먹이는 일이 평생 제일 큰 일이셨는데 오늘 여기서 뵈온 할머니께서도 아까부터 밥먹일 궁리가 제일 크신 것같다.

따지고 보면 우리 모두는 어머니 뱃속에서부터 그분이 뜻하는 대로 먹고 자라다가 때가 되어 세상에 나와서도 엄마 젖에 그 손길로 양육된 존재들이니 모든 어머니들은 온 인류의 크신 어머님이시다.

하얀쌀밥, 오이냉국, 콩나물무침, 상추, 깻잎, 고추장까지 눈에 확 들어오고 나선 나머지 불고기며 생선튀김 따위는 안중에도 들지 않는다. 식탁 앞에서 한번 더 감사한 마음을 전해 드리고 밥 한그릇을 마파람에 게눈 감추듯 상추쌈으로 치우고 배가 부른데도 반 공기를 고추장 비빔으로 더 먹었다.

이 화끈하게 맛들인 발효미와 조화된 상추쌈의 오묘함을 우리 백성 말고 이 세상에 누가 또 알랴.

우리의 고유 음식으로 한국 사람만이 먹어온 김치와 고추장은 우리 민족이 발명해낸 위대한 음식문화로 이제야 세계의 사람들이 그 진가를 깨치기 시작하였으니 여기 히오에서 그 성가를 톡톡히 실험하고 있음이다.

상추 땡큐, 고추장 그라시에, 할머니 고맙습니다. 부디 오

234

래도록 건강하시고, 좋은 구경 많이 하시고, 항상 편히 계시다가 언제라도 좋으니 고국 나들이 하시려거든 제가 그러했듯이 아무 때나 뜬금없이라도 괜찮으니 우리집에 전화 한 번 넣어주세요.

공항에서 서울로 그리고 부여 백마강 따라 금산까지 제가 꼭 한 번 모실 수 있도록 건강과 함께 모든 걸 허락하여 주시길 천지신명께 빌겠습니다.

펠레 축구장

리오의 아침은 상쾌했다.

할머니네 식구들과 안녕히 주무셨느냐며 인사를 나누고 있으니 마치 고향집에 온 듯 편하고 좋다.

시내를 구경시켜 주겠다는 아드님의 호의를 굳이 사양했던 것은 공휴일이 아니었기 때문에 너무너무 미안한 마음에서였다.

시내로 향하는 미니 버스는 서울 교외의 마을버스와 똑같았고 전철은 반드시 타보아야 할 학습(?)중 하나가 아닌가. 그래서 진정한 배낭여행은 발품을 꼭 팔아야 함이다.

전철을 환승해가며 축구의 나라에서 축구의 메카를 찾아본다는건 힘들고 어려운 일이 아니라 기쁘고 행복한 일이다. 전철에서 내린 그곳은 넓디 넓은 시민공원이었고 그 안에는 박물관도 함께하고 있었다.

고고학의 귀중한 보물로 늘 궁금했던 살아있는 돌 '시라 칸스' 고대어(古代魚) 화석을 직접 볼 수 있었던 고마운 국립박물관을 나오니 보아비스타 공원 벤치가 잠시 쉬었다 가라 한다. 시내에 이토록 넓은 녹지 공간이 있고 그 공원 안에 전혀 거부감 없이 아름다운 박물관을 함께 보듬고 있음은 리오가 갖는 멋과 여유다.

게다가 전철역을 사이에 두고 마라카나(Estadio Maracana) 스타디움이 연계하고 있음은 시민들에게 멋과 여유에 박진감 넘치는 활력까지 고루고루 나눠주고자 함이었나 보다. 수용인원 20만명의 세계 최대 축구장 마라칸나라는 본명이 있지만 많은 사람들에게 '펠레 축구장'으로 더 많이 통하고 있다.

51년 전 우리나라가 6. 25 동란으로 온 국민이 넋을 잃고 어수선했던 시절 브라질 사람들은 제4회 FIFA 월드컵 대회를 치르기 위해 이런 매머드 축구장을 건립했다. 물경 반세기 전의 일이고 보면 어마어마한 대역사 였음이 분명하다.

쌈바와 축구를 빼면 브라질은 아무 것도 없다던가?

인구 1억 7천만명에 1만여개나 되는 축구팀이 있고 전국단위 리-그는 물론 26개 주(州)마다 프로리그가 있으며 클럽에 등록된 선수만도 58만명을 헤아린다니 '대한민국 60만 대군'에 맞먹고 있음이다. 또 축구천재 호나우두나 오버헤드 킥의 명수 히바우두를 꿈꾸고 있는 골목대장들까지를 생각하면 과연 축구의 나라다운 엄청난 얘기다.

다행히 스타디움에 문이 열린 날이라 들어가자 마자 엘리베이터를 타고 6자를 눌러 꼭대기 층 스탠드로 올라가 보았다. 한 눈에 들어온 스타디움 내부는 제주 성산 일출봉을 위에서 내려다 보았을 때의 첫번째 느낌과 비슷한 감동이었다.

세월이 많이도 흐른 구시대의 건축물이라고 하기에는 민망하리만큼 잘 정돈된 그라운드와 색색으로 블럭을 표시하고 있는 20만개의 관중석이 조화의 아름다움을 잃지 않고 있다.

심지어 경기도중 관람석에서 만약의 불상사가 일어났을 경우 선수들을 안전하게 대피시킬 수 있도록 운동장 가운데에서 락커룸에 이르는 비상 지하통로까지 설치해 놓았다는 설명이다.

지금이야 홀리건들이 심심찮게 뉴스거리를 만들고 있어 축구장의 난동쯤 보통스럽게 인식하고 있는 사건이지만 그 옛날(?)에 그런 일까지 염려했다면 굿 아이디어 대상감이 아닐 수 없다.

경기를 기다리고 있는 대기 선수들의 긴장을 풀어주기 위해 배려하고 있는 갖가지 시설물들이 많고도 다양하다.

특히 작은 공간이지만 바깥 운동장처럼 인공잔디로 녹색 그라운드를 만들어 놓고 시작 전 10~20분이라도 시력을 적응시킴으로써 초반에 올 수 있는 잔디 구장의 낯설음을 해소시켜 경기력을 높였다는 얘기는 차라리 감동 스토리였다.

참으로 대단하구나! 역시 그랬구나!

그러니 펠레가 여기서 나올 수 밖에…….

양말뭉치를 꿰메어 만든 공을 맨발로 차야했던 가난뱅이 소년 펠레(Pele). 어려서 부터 날마다 땀으로 목욕을 했던 노력 끝에 16세의 어린 나이로 프로축구팀에 스카우트된 뒤 조국에 세차례나 월드컵을 안겨주면서 축구 황제로 등극한 펠레.

그는 공을 사기위해 땅콩을 훔쳤던 일 이라든지, 여자친구로부터 버림받을지 모르기 때문에 더 열심히 뛰었다는 등 진솔한 자기 고백을 우리나라에 왔을 때 어느 회견장에서 실토한 일도 있었다.

늘 나쁜 시력(近視) 때문에 불편을 겪으면서도 어떻게 통산 1천 3백골씩이나 득점을 올릴 수 있었는지 참으로 놀라울 뿐이다. "공이 움직이면 걷어차라, 움직이지 않으면 걷어차서 움직이게 하라"고 다그쳤다는 그의 아버지는 부상 당한 불운의 축구선수였다고 한다.

사람들이 펠레 축구장이라고 얘기할만큼 그의 족적들이 여기저기에 잘 보존되어 있음이 귀하고도 아름답다.

펠레는 본명이 아니라 별명이었으며 어릴적 동네에서 불렀던 그의 본래 이름은 '에드손 아란테스 도 나시멘토' 였다고 한다.

브라질 축구를 수식하고 있는 나시멘토의 '축구론'이 동판에 새겨져 있어 많은 사람들의 시선을 끌고 있다.

'축구가 가진 아름다움은 선수들의 창의적이고 독창적인 플레이 속에 있다. 그것은 선수 각자가 팀과 조화를 이루며 최선을 다해 멋진 기량을 보여주는 것이다' 라고.

샘바, 삼보, 쌈바

그 옛날 포르투갈 사람들이 노예로 끌고 온 흑인들이 사탕수수 농장에서의 고달픈 삶을 달래느라 시작한 아프리카 '샘바' 의식에서 유래되었다는게 쌈바의 기원이고 보면 이는 처음부터 슬픈 얘기가 아닐 수 없다.

그런 노예제도가 폐지된 다음 흑인이나 혼혈인들은 너나 할것 없이 훨훨 날아 도시인 리오로 몰려들기 시작했고 자유와 풍요를 찾고자 헤멨으나 현실은 꿈에 그리던 것과 달랐으며 점점 시내 중심가에서 변두리로 밀려나면서 이른바 슬럼가를 이루었다고 한다.

쌈바는 그런 고달픈 삶을 죽어라 따라 다니며 그들의 애환과 함께 하였으니 참으로 질긴 인연을 끊지 못함이었나 보다.

세상사엔 많음으로써 법이 되는 수가 많다던가.

쌈바를 통해 그들의 애환을 달래보고자 함이 빈축의 대상을 넘어 날로 번성해지자 정부에서 조차 이를 인정하고 퍼레이드를 제도화 하기에 이르렀으며 지금은 매년의 리오 카니발 행사에서 각팀별 경연대회까지 갖게 되었다니 격세지

감에 세월무상이 아닐 수 없다. 어쨌거나 이제는 브라질하면 카니발에 쌈바를 연상케 하리만큼 세계화로 자리매김하고 있으니 그 현장이 어찌 아니 궁금하랴.

지하철 센트럴(Estacio Central)역은 싼타나 공원까지 곁에 하고 있어 마치 올림픽 공원을 끼고 있는 몽촌토성역 처럼 여유로워 좋았다. 두리번 두리번 시골영감 서울 구경하듯 모처럼 여유롭게 구경삼아 걸어보는 맛이 여간 아니다.

지나는 사람들에게 쌈바도 묻고 카니발 현장도 물어본다. 모두가 착한 인상들이라 의심의 눈초리는 아닌 것 같은데 무엇이 그리 의아한지 뚫어져라 자꾸만 쳐다본다.

포르투갈어가 아닌 영어를 구사하는 동양인이었던 점과 지금은 7월이라 카니발 시즌(2월)과는 정반대의 계절이였음이 상대방으로 하여금 의아한 존재가 되었음 이었다. 뒤늦게 그런 사실을 알아차린건 그 다음 지하철역까지 다 가서였다. 촌놈 어리둥절 하는 사이 쌈바 카니발 대행진 구간인 삼보드로모(Sambodromo)거리를 마냥 지나쳐 버리고 만 셈이다.

할 수 없이 오던 발걸음을 되돌려 다시 걸어볼 수 밖에…….

때가 되면 날마다 밤과 낮으로 4일 동안이나 축제가 계속된다는 그 곳은 약 1km정도에 양쪽으로 콘크리트 고정 관람석까지 설치되어 있어 입장권 없이는 출입조차 할 수 없게 구조되어 있다.

표는 한달 전 쯤 은행에서 발매하나 대개는 당일로 매진

240

되기 일쑤이며 정규 요금은 미화 20불에서 100불 정도라는 설명인데 그 이야기의 뉴앙스로 보아 만약 정규 요금이 아닌 경우 암표라면 상상을 넘어설 것같은 눈치다.

입장권을 살 수 없는 일반 대중과 서민을 위해 다른쪽 길 즉, 리오 브랑코(Rio Branco)대로에선 1급 선수(무희)가 아닌 아마추어 댄서들이 꽃차까지 동원하여 쌈바를 선보임으로써 1급 선수의 꿈을 키우는 현장 실습도 할 겸 시민들과 한판 어울려 준다니 누이 좋고 매부 좋은 아름다움에 박수를 보내고 싶다.

그 때가 지금이 분명 아닌데 다음 계절에 치를 쌈바를 물어보고 다녔으니 동방의 나그네를 그들이 어떤 시선으로 보았을지 실소를 금할 수가 없다.

마치 팔월 추석 대보름날 풍물 굿판이 어디서 벌어지느냐고 엄동설한 추운 겨울날에 묻고 다녔다면 어떠했을까?

꼭 그런 꼴을 리오에서 떠벌리고 다닌 촌놈이 되고 말았다.

어린이날 하면 5월 5일이듯 대부분 어느 행사일하면 O월 O일로 고정된 날짜이기 마련인데 쌈바 축제가 벌어

삼바 카니발에
등장한 뇌살적인
무희의 현란한
의상과
열정

지는 실제의 그 날은 해마다 조금씩 다르다니 이상한 일이다.

이는 택일 방법이 춘분 이후 보름달이 가까운 일요일부터 거꾸로 계산해 50일 전의 토요일 밤부터 행사를 시작 일, 월, 화, 수요일 새벽까지 꼭 4일동안 밤엔 휘황한 조명을 받고 낮엔 강열한 태양 아래서 쌈바 리듬을 타며 그룹마다 격렬하게 춤을 춘다니 한여름의 열기와 함께 5천여 무희들이 '흥분의 도가니'로 빠지고도 남을 삼보드로모.

색과 소리와 꽃과 사람이 하나되어 함성과 함께 지나갔을 그 자리에 지금은 희고, 검고, 누렇고 가무잡잡한 남녀노소 일상의 사람들이 여느 때와 다름없이 오고 간다.

TV와 영화 속의 현란했던 장면들을 떠올리며 구석구석 잘 봐두었다가 내년 2월 리오의 쌈바 축제가 지구촌 뉴스를 타고 날아들면 더욱 실감있게 감상하리라 다짐해본다.

리오 시내에 에스꼴라 데 쌈바(Escola de Samba) 전문학교가 수백군데나 성황중이라니 이 땅의 엄마들이 꿈꾸고 있는 태교가 일구월심 '딸이면 댄서를, 아들이면 축구선수'를 낳게해 달라고 염원한다는데 과연 그러하고도 남음직 함을 두 눈으로 똑똑히 보았음이다.

16세기의 서유럽, 에스파니아와 포르투갈은 식민지 확장을 위해 탐험가에게 경제적 지원을 아끼지 않았다.

왕실로부터 돈을 받은 수많은 탐험가들이 뱃길을 서둘렀고 그들이 발견한 땅은 경비를 지원한 나라의 소유가 됐다.

탐험가 카브라알도 그 중에 한사람이었으며 포르투갈 국왕으로부터 은화를 지원받아 새로운 땅을 찾기 위해 대서양을 건넜고 여기저기 헤매던 중 구사일생으로 살아남아 육지에 발을 디딤으로써 '여기는 내 땅, 포르투갈 령'을 선포(?)했던 이곳!.

그것은 5백여년 전 이 나라의 운명이었고 그후 서기 1822년에 이르러서야 독립국이 되었다.

우리나라 해상왕 장보고님께서도 산동반도에 신라방을 세운데 그치지 않고 조금만 더 노를 저었더라면 '여기는 내 땅, 한국령'을 세계 도처에 남길 수도 있었으련만, 아! 꿈이련가?

혹시 '브라질을 한마디로 표현해 보라'는 퀴즈 문제가 있다면 나는 기꺼이 '지구촌의 허파'라고 단숨에 대답할 것 같다. 왜냐하면 불과 엊그제까지 몸소 아마존에서 살아봤기 때문에 다른 답의 여지가 없다.

통계숫자로 봐도 지구와 인류가 필요로 하는 산소의 3분의 2를 이나라 아마존 밀림에서 공급하고 있다니 참으로 대단한 일이 아닌가. 아마존 유역은 어느 한 나라의 국립공원이 아니라 '지구촌 지정 특별공원'이라 해야 마땅하지 않을까 하는 생각까지 든다.

그런 심각성 때문에 UN은 매년 막대한 자금을 브라질에 지원하여 더 이상의 난개발을 막으려 애쓰고 있으나 결과는 수학 공식처럼 그리 간단치만은 않은 모양이다. 다행히 전쟁, 지진, 인종차별 등 3무(無)를 자랑하고 있으니 살아 볼 만한 나라이기는 한 것 같은데 말이다.

누구든 이 나라에서 인종차별 행위를 저지르면 그것은 '자연보호 훼손죄'나 '돈 세탁죄'와 함께 정부 차원에서 가장 강력히 단속하고 있는 3대 범죄행위에 속하므로 제3국에서 온 이민자들에게는 매우 다행스러운 일이라고 한다.

더구나 이들은 동양인을 선호하는 경향까지 있어 우리 교민들에겐 더 더욱 고마운 현실이라니 그보다 더 기쁜 소식이 또 있을까. 이는 일찍이 이곳으로 진출한 중국인들이 성실하게 길을 닦아놓은 터에 한발 뒤따라온 우리 한국인들이 특유의 부지런함으로 확실하게 끝내준 오랜 세월의 결정체가 아닌가 싶어 그들에게 박수를 보내고 싶다.

다민족 국가인 이나라는 백인, 흑인, 혼혈 등으로 크게 구분하고 있으나 백인과 흑인이 섞였을 때 우성인 흑인 인자를 물려받아 피부가 니그로에 가까울 경우는 이를 '몰라토'라 하고 백인과 원주민 사이에서 태어난 2세로 커피색 피부를 보이고 있으면 그는 '모레나'라 부르고 있다.

이들 몰라토와 모레나가 이 나라의 대표적인 혼혈로써 인구의 68%가량이 이에 속한다면 메스티소가 60%를 상회하

고 있던 그간의 주변국들 사정보다 훨씬 더 앞서고 있음이
다.

　오랜 세월 동안 내 조국은 어느 나라이며 나의 모국을 어
디라고 불러야 옳단 말인가 라고 목메어 외쳤다는 저들의
할아버지 세대들과는 달리, 이곳은 이제 분명히 몰라토와 모
레나의 땅이요 그들의 조국임에 틀림이 없으므로 더 이상
피내림의 방황에서 벗어나, 내나라 내민족이 내땅을 지키듯
오손도손 살아간다면 얼마나 더 아름다운 모습일까.

　게다가 전 세계에서 여성의 히프 곡선이 모레나처럼 예쁜
경우가 없다는게 미스 월드의 비공식 통계이고 보면 이는
또다른 더블 축복이 아니냐 말이다.

　그래서 그런지 어느 해변가엘 나가 보아도 쭉쭉 뻗은 각
선미와 풍만한 젊음의 미희들을 쉽게 만나 볼 수 있음은 방
랑의 나그네들에게도 또한 행운이요 즐거움이 아닐 수 없다.

　서울에서 우물을 계속 파고 들어가면 결국 지구 중심을
지나 이곳으로 뚫리게 된다는 이야기를 들은 건 초등학교적
일이며 그럴 때마다 가장 궁금했던 건 브라질 사람들은 동
그란 지구에서 거꾸로 매달려 어떻게 살지(?)였었다. 꿈많던
어린시절의 추억이지만 말이다.

　서울에서 리오까지는 아직도 직항노선이 없어 LA나 도쿄
를 거쳐 비행시간만 23시간을 날아야 한다. 경유 시간까지
합치면 꼬박 30시간 40분이 걸리는 너무나 머나 먼 이곳.

　커피와 쌈바 좋아하는 건 차치하고라도 축구를 얼마나 좋

아하는지 거의 매일 벌어지고 있는 그날 그날의 축구경기 결과에 따라 국민들의 얼굴색이 바뀐다는 이 나라에 그 축구마저 요즘 별로 맥을 못쓰고 있어 온 국민이 열병을 앓고 있다는 애통한 뉴스다.

보기만 해도 눈이 즐거웠던 플라맹고나 코린티안스 같은 인기팀의 플레이를 다시 보고 싶다.

카를로스의 시원한 미사일 같은 강슛이나 제2의 펠레가 어서 나와 2골 먹으면 3골을 집어넣는 화끈한 브라질식 공격축구의 신나는 함성에 쌈바의 열기가 하루 속히 충천하기를 빈다.

안녕,— 브라질리아여!

부에노스 아이레스

귀국길의 징검다리 부에노스 아이레스(Buenos Aires)는 추웠다. 잎을 떨군 앙상한 가로수가 썰렁한 겨울임을 몸으로 말하고 있다. 그러고 보니 칠레의 수도 산티아고 만큼 지구 남반구로 다시 내려온 셈이다.

우리는 분명 남아메리카 끝 자락에 와 있음인데 이곳은 남미가 아니었다. 전후좌우를 아무리 둘러봐도 유럽 어디쯤에 서 있는 것만 같다. 우선 도로와 건물이 그렇고 지나는 사람이 또한 그렇다. 아르헨을 일러 '스페인어를 쓰는 이탈리아 사람이 자신을 영국인이라 스스로 믿으면서 그러나 프랑스풍으로 살기를 원하는 사람들로 가득한 나라'라고 했다.

아니나 다를까 주변 여러 나라들과는 달리 인구의 90% 이상이 유럽계 이민으로 형성되었다는 설명을 듣고 나선 '남미의 파리, 부에노스 아이레스'라는 복합명칭이 오히려 편하게 다가온다.

정복자들이 몰고 들어온 스페인 문화가 토착 인디오의 흔적들을 싹쓸이 덮어버릴 때부터 이 나라는 이미 다른 길을 걷기 시작했으며 19세기 말쯤 더욱 물밀듯이 들어온 프랑스, 이탈리아, 독일계 사람들이 전 국토로 퍼지면서 유럽 각국의 문화가 본래에 가까운 모습으로 옮겨왔다.

본토에서는 국경 때문에 어려웠던 자기네들 끼리의 교류가 여기서는 오히려 아무런 불편 없이 활발할 수 있어 더욱 강인한 힘으로 독자적인 아르헨 문화를 꽃피웠으니 이래저래 새롭게 태어난 '남미의 파리'를 지금 걷고 있다.

세계에서 도로폭이 가장 넓다고 소문난 '7월 9일 대로'는 서울의 광화문 앞 세종로를 2~3개 겹쳐 놓은듯 과연 넓고 또 넓다. 로타리 정 중앙의 오벨리스크는 또 얼마나 큰지 하늘 높이 까마득하다. 모처럼 태평을 만끽하며 유유자적 걷고 있는데 뒤따르던 학생이 헐레벌떡 야단이다.

엊저녁 비행기 옆자리에서 우연히 만난 모처럼의 서울에서 온 대학생이다. 박(朴)군은 용감하기는 하였으나 덜렁이였다.

저 친구 또 무슨 일을 저질렀나 싶어 뜨끔한 가슴을 쓸어

내리는 사이 숨에 찬 그의 한마디 "내 돈이 이게 어떻게 된거죠?"라는 하소연이다. 이 나라는 극도의 경제 불안에도 불구하고 포클랜드 전쟁 이후 여러 차례에 걸쳐 통화를 절하하는 디노미네이션을 고집한 결과 US달러와 아르헨티나 페소의 환율이 1:1이라는건 국제 상식이다.

그렇다면 30달러를 바꾸었으니 30페소가 되었어야 할 돈이 그게 아니라면 학생으로써도 당황할 수 밖에 도리 없는 일이 벌어진 거다.

1페소(Peso)가 100센타보(Centavo)라는 실력까지 총동원하여 맞춰보았으나 좌우간 30:30의 아귀와는 전혀 거리가 멀기만 하다. 이럴 땐 '뭉치면 살고 흩어지면 죽는 법'. 떼(?)로 몰려가 따져볼 일이다.

결국은 뒤통수만 긁적거리고 나온 무지의 소치로 끝나고 말았으니 불행 중 다행한 사건이기는 하였으나 아직도 구통화인 아우스트랄 화폐가 존재하고 있다는 사실과 그 환율은 1:1이 아니라는 상식을 크게 깨우쳐준 헤프닝이었다.

세계에서 제일 넓은 길 7월 9일 대로 '와 그 한가운데 하늘 높이 솟은 오벨리스크

30달러는 자그만치 300,000 아우스트랄이었으니 놀란 것은 당연하였으며 막연하게 알고 있던 아르헨의 경제 현실 일부를 겪어본 첫시험이었다.

그런 이 나라의 뭉칫돈들이 페리호를 타고 라플라타강을

건너 우루과이땅 콜로니아시로 흐르고 있다는데 한시간도 채 걸리지 않는 그곳을 '남미의 스위스'라고 부른다는 얘기는 또 무슨 사연이길래 이방인들의 발걸음을 그리로 옮기게 만들까.

아무리 가깝기는 하나 한강을 건너듯 그렇게 쉬운 곳이 아닌 또다른 제3국이라 배를 탈 수는 없어 바라만 볼 수밖에 없었던 그곳은 풍광이 좋아 스위스라는 뜻이 아니라 예금주인 고객비밀 보호에 철두철미한 스위스 은행으로 해외의 검은 돈이 꼬이듯 아르헨의 부자들이 그 곳으로 돈을 빼돌리는 일이 흔하기 때문에 붙여진 별명이란다.

국가 사회의 허리요 중심세력인 중산층이 무너지면 사회 전반이 부자와 가난한 자로 양분되는건 당연한 원리요, 없는 자는 고통스럽고 있는 자는 안전한 곳으로 떠날 준비를 한다.

떠나는 것은 언제나 사람에 앞서 돈이 먼저다.

돈 따라 사람 가고, 사람 따라 돈도 가면 그 사회는 떠나지도 못하는 가난한 백성들의 몫으로 고스란히 남아 아픈 허리띠를 더욱 졸라매고 힘겹게 살아 내면서 다시 일으켜 세운다.

동서고금의 역사가 여러 곳에서 그것을 웅변하고 있다.

나라를 경영하겠다고 나선 정치가의 소임이 하늘 아래 가장 막중함의 소이가 거기 있지 않은가.

모쪼록 백성들이 편해야 위정자의 존재도 반석인 것

을…….

엘 카미니토와 탱고

마치 우리의 가슴 속에 아리랑이 새겨져 있듯 아르헨티나 하면 우선 생각나는게 탱고다.

그 나라에 그 발상지를 찾아 '엘 카미니토' 골목에 들어서 자 옹망졸망한 판자집들이 시샘이라도 하듯 사진에서 본 것 처럼 울긋불긋한 원색으로 집단장들을 해놓고 있다.

지저분함을 감추려고 그랬는지 아니면 칙칙한 분위기를 밝게 하려고 그랬는지는 알 수 없으나 아무튼 화려한 편이 그래도 보기에 좋다. 길 양켠엔 그림을 그리는 사람, 마네킹 으로 서있는 로봇사람, 기념품을 파는 사람들이 서울의 포장 마차 골목처럼 빼곡이 줄지어 있다. 그런 가운데 사람들의 시선이 가장 많이 쏠려 있는 곳은 역시 탱고 춤판이었다.

아코디온과 비슷한 모양새의 반도네온 연주에 맞춰 노래 도 부르고 남녀가 어울려 춤을 춘다. 지나는 사람 중에 아무 라도 즉석 커플이 되어 멋들어지게 탱고를 추는 모습이 너 무나 자연스럽다. 그들 앞에 동전을 구하는 모자가 놓여있음 은 당연한 일이고…….

탱고는 대부분의 가락이 애잔하면서도 감상에 젖은 듯하 며 향수, 사랑, 절망, 분노와 함께 가진 자들에 대한 비아냥 도 노골적으로 표현하고 있다는데 이는 아르헨티나가 스페인의 식민지 였을 때 아프리카에서 데리고 온 흑인 노예들의 상고(Shango)라는 음악에서 발전하여 오늘날 탱고(Tango)가 되었기 때문이라고 한다.

그 후 계속하여 스페인과 포르투갈에서 하류층들이 대거 이민옴으로써 흑인 노예의 후손들과 가우쵸(인디언과 백인의 혼혈)들이 틈만 나면 모여 자기들이 겪은 설움을 노래와 춤으로 서리서리 풀어냈던 곳이 바로 이곳 '엘 카미니토' 지구라는 얘기다.

한때 사회적으로 행세했던 지배 계층에선 탱고를 마치 섹스의 노골적인 몸동작으로 규정, 하류층의 저속한 춤으로 단정하고 금지 명령까지 내렸으나 엉뚱하게도 1900년대 초 프랑스 파리에서 탱고가 에로틱한 음악으로 선풍적인 인기를 모으자 이 나라 국내에서도 재평가를 하게 됐고 오늘날처럼 대중성을 인정받아 떳떳하게 자리매김하게 되었단다.

우리나라에서도 요즈음 스포츠 댄스라 하여 구민회관이나 백화점 문화교실 등에서 쉽게 접할 수 있도록 보급되고 있는 리듬으로, 감상적인 음악이기는 하나 단순한 슬픔과는 구별되는 경쾌함이 있어 급속히 확산되고 있는 추세다.

지나온 과거사에 아르헨티나 국민들의 슬픔과 희망이 공존했던 것처럼 탱고 음악을 가만히 듣고 있으면 애잔하게 이어지는 절절한 한의 표현인가 싶으면서도 매우 터프하게 휘어잡는

언제나 어디서나
일반 시민들이
즉석에서 흥을
돋우고 있는 거리의
탱고 춤판과 악사들.

듯한 박력이 있어 좋다.

보면 볼수록 그중에도 특히 발의 기교가 여간 매력적이지 않다. 남자의 발이 은근 슬쩍 상대방의 발목을 휘어감으면 여자의 발은 가랑이 사이로 들어갈 듯 하면서 바깥으로 비껴 나간다.

무릎을 구부렸다 펴면서 순간 순간 다리를 교차할 땐 아슬아슬하여 가슴까지 설렌다. 여자가 마음껏 춤사위를 뽐낼 수 있도록 남자는 여유있게 멈추어 제자리에서 기다려 주는 폼 또한 멋지다.

한쪽 옆을 길게 터놓은 타이트한 드레스 차림의 여자가 한 바퀴씩 돌 때마다 하얀 속살과 함께 허리와 엉덩이의 곡선미가 뚜렷이 들어난다. 섹스에 견줄 만큼 에로틱한 춤동작이면서도 전혀 저속하지 않고 있음은 물론 탱고만큼 남자와 여자가 하나되는 춤은 없을 성싶다. 마냥 앉아서 바라보고 있으니 자신도 모르게 박자가 맞춰지고 솔솔 흥까지 돋아난다.

지나는 사람이든 구경꾼이든 누구나 참여해도 좋은 시간이 되어 용기를 내보았다. 조금만 신경쓰면 금방 춤사위가 될 것만 같아서였다.

우리 농악 풍물굿에서 오금주어 발림 하듯 무릎을 가볍게 굽혔다 펴며 왼발을 오른발 앞으로 교차한 다음 세 박자까지 앞으로 갔다가 네 박자째는 두발을 모으고 발꿈치를 살짝 들어주는 동작인데 고개와 두손을 반듯하게 가누지도 못하고 발이 틀릴까봐 아래만 내려다 보고 있으니 저절로 어정쩡한 포즈에 온몸이 딱딱하게 굳어진다.

손잡아준 아르헨의 미희가 너무 예뻤던게 탈이었을까?

국제적으로 한바탕 웃음을 선사하기는 하였으나 굳어진 몸이 쉽게 풀리질 않는다. 배워 익혀만 놓으면 누구나 가볍게 즐기면서 하나의 예술로서도 손색이 없을 것같다.

오죽하면 이나라엔 TV의 황금 시간대에 'Argentinisima'라는 탱고 전문 프로그램이 있는가 하면 24시간 내내 탱고에 대해서만 상설로 취급하는 고정채널 유선방송도 있다니 가히 탱고의 나라 아르헨티나다.

월드컵에 목숨걸고

부에노스항(港)에 유럽 각지에서 몰려든 이민선의 뱃고동 소리가 그칠 날이 없던 이민 역사 초기에는 누구에게나 새 삶을 일구려는 꿈이 있어 여러 부류의 사람들이 하나의 생각으로 뭉쳐있게 마련이지만 사회와 경제가 안정을 찾으면 그 정도의 약발(?)은 시들해지고 마는 법.

때맞춰 그런 틈새를 절묘하게 파고 든 것이 스포츠 중 축구였고 축구장은 인종을 초월한 사교장이요 축제장이 되었다.

축구는 무엇보다도 '우리팀의 승리'라는 공동목표를 향해 함께 뛰고, 손잡고, 발구르며 소리지를 수 있는 '한마음 창조

의 장' 역할을 톡톡히 해냈다. 다민족 국가에서 국민 대통합
에 꼭 필요한 3S중 하나라고나 할까?

1978년 6월 1일, 제11회 월드컵 경기가 열렸던 수도 부에노
스 아이레스의 리버 플레이트 돔은 과연 크고 웅장했다.

텅빈 스탠드에서 바라본 수용인원 7만의 구장은 축구의
나라답게, 아니 월드컵 우승국답게 그리고 마라도나의 조국
답게 화려하고 멋지다. 그러나 그때의 향기롭지 못했던 일화
들은 두고두고 이들이 지고가야 할 멍에로 남아 있는 역사
의 현장이기도 하다.

개막식 첫날 서독과 폴란드가 대회 첫 경기의 주인공 이
었으나 당시 아르헨티나 국내 사정은 쿠데타로 정권을 장악
하고 있던 때라 군부의 인권탄압에 항의 표시를 풀지 않고
있던 베켄바워나 크루이프 등 세계적인 슈퍼스타들은 끝내
불참을 선언한 상태였다.

뿐만 아니라 개막식 1주일을 앞둔 5월 25일엔 월드컵 프레
스센타에서 엄청난 폭발 사고가 발생, 폭음과 불꽃이 하늘을
치솟은 반테러 사태까지 있었다. 정보를 미리 접수한 경찰이
월드컵을 위해 몰려든 외신 기자들을 긴급 대피시켰기 때문
에 다행히도 인명피해는 없었지만 자국 경찰관 1명이 숨지
기까지한 사고였다.

그런 혼란스러움 속에서도 축구는 축구였고 경기는 계속
되어 마지막 날인 6월 25일이 되자 휘나레를 위한 축제가
상상을 초월할 만큼 온 시가지를 열광시켰다고 한다.

결승에 올라온 네덜란드 선수들이 그라운드에 나와 몸을 풀면서 경기를 기다리고 있었으나 시작 시간이 훨씬 경과했는데도 홈팀 아르헨티나 선수와 심판진은 나타나지 않은 가운데 자국팀 관중들만이 광란에 가까운 응원과 행동으로 장내를 압도하기 시작, 때로는 총성까지 들렸었다는데 외신 기자들이 훗날 논평하기를 "만약 우리나라의 우승을 가로막는 자 있으면 이 운동장에서 온전히 살아나가지 못할 것"이라고 발악하는 맹수와 같았다고 했다.

마치 주최국 아르헨티나가 죽기 아니면 살기로 월드컵에 목숨을 걸어놓은 나라인 것처럼 말이다.

오렌지군단 네델란드 선수들에게 엄청난 야유까지 퍼부어 힘빼기 작전을 노골적으로 가함으로써 경기 전에 이미 상대 선수를 긴장과 초조함으로 위축시킨 다음 뒤늦게 입장한 아르헨티나와 결승 경기 시작, 기세 등등 맹수가 토끼몰이 하듯 전, 후반전을 힘과 기에서 제압했으나 90분간의 게임 결과는 1대 1 무승부.

만만치 않은 네델란드에 승산이 없자 연장전에서는 선수들이 그라운드에서 공을 찬게 아니라 상대 선수들의 발목을 더 노리고 다녔다고 한다. 대혼전 끝에 3:1의 결과를 얻어내기는 하였으나 그런 준전시 상황 속에서 결코 홈팀을 이길 수는 없는 경기

1978년 제11회
아르헨티나
월드컵대회 FIFA
공식 포스터

였다고 스포츠계는 후평하고 있다.

　이로써 1930년 FIFA 대회에서 거의 우승할뻔 했다가 놓친 후 48년이라는 긴 세월이 흐른 뒤 바로 이곳 홈구장에서 치른 제 11회 월드컵경기에서 꿈에 그리던 세계 축구 첫우승을 차지한 아르헨티나.

　월드컵 축구대회의 주최와 우승!

　아르헨티나는 그 해에 두가지 목표를 한꺼번에 달성한 셈이기는 하였으나 세월이 흐른 지금까지도 그때의 뒷말들이 끊이지 않고 있음은 좌우간 이들에게 지워진 업(?) 일 수밖에 없다.

　심지어 5월 25일의 반테러 폭발 사건을 두고서도 당시 취재기자들은 아르헨티나 군사 정권이 저지른 자작극일 공산이 크다고 입을 모았었다.

　왜냐하면 각국 선수들은 국제사면위원회에 아르헨티나의 정치범 석방을 탄원하고 있었으며 기자들은 축구와 함께 이 나라의 내정문제까지 취재 보도하고 있었던 상황에서 아르헨티나 군사정부가 외신 기자들에게 경고성 일침으로 미리 폭탄소동을 일으켰다는 추정이 지금까지 씻기지 않는 루머성 오명이다.

　1934년 이탈리아 월드컵 대회와 마찬가지로 아르헨티나의 쿠데타 정권도 세계를 향한 자기들의 세 과시 때문에 월드컵 대회를 유치한 것으로 호사가들은 입을 다물지 않고 있으니 정치논리로 세상사를 풀어가고 있는 정치권은 오나가

나 문제다.

　스포츠는 스포츠요, 예술은 예술이고, 교육은 교육이며, 종교 또한 종교이어야 하는 것처럼 정치는 국리민복을 위한 봉사이어야만 세상이 조용하고 백성들이 편한 것은 동서가 다를 턱이 없으련만 말이다.

　500g도 채 안되는 축구공의 향방이 때로는 전쟁상태를 방불케도 하고, 어떤 경우는 흩어진 민심을 추스르기도 하며 60억 세계의 사람들을 이변의 드라마로 울리고 웃길 수 있다니 그 위력이 가히 하늘에 닿고도 남음이다.

　2002 월드컵 코리아는 또 어떤 돌발의 상황이 우리를 기다리고 있을까? 혹시 98년도 우승국 프랑스가 어이없게도 예선에서 탈락, 꼴찌가 되는건 아닌지…….

　아니면 우리나라 대한민국의 태극전사들이 온국민의 염원에 힘입어 열두번째 선수인 붉은악마들이 포효하는 열띤 함성을 타고 결승에 진출, 일본땅 요코하마 스타디움에서 이곳 아리헨티나 군단과 세기의 한판 승부를 겨루게 되는건 아닌지…….

　아 ? 짜릿하고 행복한 꿈(?)이다.

아직도 에비타

실제의 에비타(Evita)를 나는 잘 알지 못했었다. 그러나 마돈나가 열연한 영화 '에비타'를 본 다음부터 사정은 조금 달랐었다. 예까지 온 김에 오늘은 그 에비타를 찬찬히 조망해 보고 싶어 묘원이 있는 거리로 나섰다. 어쩌면 이렇게도 오래 전의 영화속 배경과 조금도 다를 것 없이 예전 그대로일까?

이 나라를 논하면서 '페론주의'라는 말에 수식어처럼 따라다니던 이름이 바로 에비타(에바페론의 애칭)였다.

'페론주의'란 전 대통령 후안 페론(juan Domingo Peron)의 이름에서 유래한 것임은 일반 상식이다. 부유한 가정에서 태어나 사관학교를 나온 그는 1943년 쿠데타에 가담하여 노동장관과 부통령까지 지내면서 정적의 음모로 투옥됐다가 그의 체포에 반발한 시위군중 덕에 풀려나기도 한 풍운아였다.

사생아 출신 에비타와 재혼한 페론은 농민과 노동자의 지지를 바탕으로 1946년 드디어 대통령에 올랐고 새정부의 국정 첫사업으로 제2차 세계대전을 전후하여 쇠고기와 곡물수출로 벌어들인 엄청난 국가의 부(富)를 산업 재생산에 투자하기에 앞서 정권 강화를 위한 수단으로 노동자와 농민들에게 배분하였다고 한다.

산업체에 노조활동을 장려하고 사회보장제도를 확대하며 무상교육과 유급 휴가제까지 실시하였다. 시장경제 원리와는 등을 지면서 재정적 뒷받침도 충분치 못한 가운데 포퓰리즘 정책을 밀어붙인 것이다.

영화 '에비타'의
주인공을 맡은
마돈나의 연기에도
이들은
열광을 아끼지
않고 있다.

당시 대통령 영부
인이 된 에비타는 한
술 더 떠 그녀가 만
든 재단으로 학교, 병원, 고아원을 전국에 건립하고 에비타
의 이름을 휘날린 병원 기차는 의료장비를 갖추고 전국을
누비며 무료 진료를 다녔다고 한다.

연이어 에비타 재단은 아프리카 기니등 재해를 당한 나라
에 아낌없이 거금을 지원하기도 했다는데 당시 이웃 나라인
콜롬비아, 에콰도르 외에 멀리 스페인, 이탈리아, 프랑스에
이어 일본에까지도 재해지원금을 보냈다고 하니 지금 생각
하면 고개가 갸우뚱할 일이 아닐 수 없다.

그런 포퓰리즘(Populism) 덕분에 그녀의 인기는 하늘 높은
줄 몰랐으며 1951년의 대통령 선거때는 그녀를 부통령 후보
로까지 옹립하자는 운동도 만만치 않았었다고 한다.

그러던 중 하늘도 무심했던지 아니면 한 여인의 기구한
미인박명 이었던지 에비타는 1952년 33세라는 너무나 젊은
나이에 병사했고 그녀에 대한 아르헨티나 국민들의 추모는
영화 속에서 처럼 열광 그 자체였다고 한다.

그 후 이 나라는 당연한 업보였을까?

경제난국과 사회적 불안이 심화되면서 1955년 또다른 쿠데
타로 페론마저 권좌에서 물러나고 만다. 계속되는 혼란과 쿠
데타의 악순환 속에서 영국을 상대로 '포클랜드 전쟁'까지
일으키는 극약 처방도 불사하며 몸부림쳤으나 페론주의 함

정에 빠진 '아르헨티나 병'은 지금까지도 끝내 치유되지 않고 있다니 오늘의 지경에 이른 이유와 과정은 우리에게 반면교사(反面敎師)가 아닐 수 없다.

20세기 중반까지 세계 5대 부국으로 불렸던 한나라의 추락이 이토록 허망할 수도 있다는게 우리들의 마음을 자꾸 무겁게 한다. 어려움 속에서도 나라 살림은 늘 건실하게 꾸려야 한다는 것, 구조조정을 위해서는 인기에 영합하는 포퓰리즘 따위로는 어림도 없다는 것, 지도자에게는 거짓이 없어야 한다는 것 등은 아르헨티나를 보는 우리에게 결코 강건너 불이 아님이다.

묘소가 어디냐에 따라 사람의 계급까지 평가 받고 있는 나라 아르헨티나. 레꼴레따 묘지는 영원한 안식처로써 이나라 사람들의 최고급 유택지다. 1882년에 만든 고풍스런 그곳엔 역대 대통령이 13명이나 잠들어 있고 예술적인 구조물이라 하여 정부가 문화재로까지 지정한 납골당이 다수 포함되어 있는 가운데 '마리아 에바 두아르떼 데 페론'이라 이름을 밝히고 있는 흑영석의 묘소 주인은 바로 에비타였다.

그녀는 갔지만 아직도 30대의 미모를 여전히 간직한채 미이라(Mirra)로 안치되어 1년에 한번 TV를 통해 세상에 재탄생하고 있다니 이들의 마음 속엔 아직도 에비타임에 틀림이 없나 보다.

사회적으로 멸시받던 최하위 신분에서 한 나라의 고귀한 퍼스트 레이디까지 올랐던 그녀가 세상을 떠난지도 어언 반세기.

아마도 20세기를 살다간 유명 여성 가운데 어느 누구도 에비타만큼 사랑과 존경과 증오를 한몸에 받아 본 여인이 또 있을까?

……

울지 말아요, 아르헨티나여!
진실로 나는 당신을 떠나지 않을래요
비록 내가 힘들고 어려울지라도
나는 나의 약속을 지키겠어요
제발 나를 멀리하지 말아요

……

한동안 뜸했던 그녀의 노래가 요즈음 새삼스레 많은 사람들의 가슴을 또다시 울리기 시작했다고 한다.

특히 영세민과 실업자들은 아직도 에비타의 목소리를 그리워하고 있다는데 그래서 저토록 그녀의 묘비 앞엔 일년 내내 꽃다발이 끊이지 않고있는 것일까.

포퓰리즘이 뭐길래…….

1년 내내 꽃다발이 끊이지 않는 '아직도 에비타'의 묘비들.

시이 내린 선물 이과수

하늘을 날아 목적지에 다다르면 설레는 안도감과 함께 한번
쯤 긴장하기 마련이다. 얼른 착륙하여 땅을 밟고 싶은 마음
간절한데 비행기가 고도를 낮추는 듯하더니 그 자리에서 빙
빙 선회하는게 아닌가.

무슨 일이 일어났나 싶은 방정스러운 생각이 앞서려는 순
간 "승객 여러분 좌우를 살펴주십시오, 이과수에 오신 것을
환영합니다"라고 기내 방송이 안내한다.

"히야 ? 저기, 저기 폭포다 폭포"

"우와 ? 뷰―티―풀, 오 ? 원―더―풀!"

"세상에나 이쪽 저쪽이 다 폭포 천지 물바다네"

"……"

폭포인지 바다인지 이과수는 그렇게 여기저기서 깜짝 놀
라는 사이 우리 앞으로 다가왔다. 이는 조종사가 이곳 상공
에 이르렀을 때 승객들을 위해 이과수 전경을 하늘에서 보
여주기 위한 친절이란다.

주변이 온통 짙푸른 밀림 사이를 거대한 폭포수가 대지를
찢으며 낙하하는 모습을 하늘에서 내려다보는 첫 느낌이라
니…….

더구나 항공사가 서비스 차원에서 기착지의 상공을 구경
시켜 준 경우를 경험해 보지 못한 처지라 이과수의 남다름
은 더욱 클 수밖에 없었다.

공항과 그리 멀지 않은 이과수 다운타운은 우리나라의 한
적한 소도시와 별반 다름이 없었으나 정글 속에 묻힌 마을

이라 그런지 마주치는 사람들 또한 여유로움에 후한 인심이
라도 술술 풀어줄 것같은 착한 인상들이다. 그 중에 우리 교
포가 일곱세대나 오손도손 살고 있다니 이제는 이 세상 끝
간 데 없이 우리 동포 살지 않는 곳이 없는가 보다.

남태평양의 외딴섬 이스터 아일랜드처럼 아마존 밀림속
오지중에 오지인 이 작은 마을에 호텔이 270개에 여행사 만
도 230여 개가 성업중이라니 가히 국경을 초월한 세계적 명
소임에 틀림이 없다.

세계 3대폭포 중 하나인 이과수는 과연 어떤 감흥으로 가
슴에 와 닿을까가 출발 전부터 갖었던 스스로에 대한 질문
이었으나 폭포에 가까워진 순간 그런 어리석은 궁금증들은
모두가 무의미한 것으로 사라지고 말았다. 그것은 나이아가
라 폭포 수십개를 한 곳에 모아놓은 듯한 광경이 도대체 어
디서 어디까지가 폭포인지 양쪽 시야의 각도를 벗어나 버렸
기 때문이다.

사자의 포효처럼 으르렁대며 웅장하게 터져나오는 힘찬
물소리, 빛에 따라 색채가 변하는 폭포의 표정, 끊임없는 대
지의 진동, 장대한 색과 빛과 음의 심포니를 이과수는 도대
체 언제적부터 이렇게 연주하고 있었단 말인가.

두 나라 국경에 걸쳐있
는 폭포의 넓이가 자그마
치 4km에 달하고 큰 물줄
기만도 어림 잡아 3백여

브라질과 아르헨의
국경을 이루고
있는 이과수 폭포
개념도.

개나 된다니 감을 잡기 조차 어렵게는 되었으나 낙차폭 최대 100여m에 이르는 물줄기에서 분산되고 있는 물보라의 장관이란 가히 자연의 위대함과 경외스러움 외에 어떠한 수식의 설명도 사족일 것같다.

이과수란 원주민 인디오들이 불러오던 호칭으로써 이구(IGU)란 물을 의미하고, 아수(ACU)는 웅장함에 대한 경탄의 뜻을 나타낸 것으로 상상을 초월하고 있는 '웅장한 물'이 곧 이과수라는 얘기다.

더러는 브라질쪽에서의 이과수는 남성적이요, 아르헨티나에서의 모습은 여성적이라고 표현한다지만 저 도도하고 웅대무비한 자연 앞에서 감히 남녀를 비유해 운운한다는 건 한낱 말쟁이들의 말이 아니었을까 싶다.

산책로를 따라 걸어본다. 주위에 서있는 꺽다리 대나무와 야자수, 그속에서 후두둑 거리는 빨간 깃털을 뽐내던 앵무새, 그 괴괴스러움 속에 사방에서 들려오는 폭포의 굉음 소리는 두려움과 전율까지 느끼게 한다.

우리 앞에 다가선 거대한 존재는 인간의 마음을 자꾸 겸손하라 이른다. 자연의 웅혼함이 어째서 종교적 숭배의 대상이 되었는지도 이제는 조금 알아차릴 수 있을 것같다.

레인코트에 모자까지 뒤집어 썼으나 이곳 최대의 명소 악마의 숨통(Garganta del Diablo)에 이르렀을 땐 온통 비맞은 생쥐처럼 후줄근한 몰골에 목덜미에선 더운 김만 모락모락 피어 오른다.

　전망대에 올라 횅-하니 뚫린 구멍 속으로 물이 빨려 들어가는 모습을 쳐다보고 있으려니 내 자신이 자꾸만 그 속으로 끌려 들어가는 것처럼 오금이 저리고 공포감마저 엄습한다.

　신비의 공중도시 마추피추를 휘돌았던 우루밤바강이 안데스 지나 아마존에 이르기도 하고 또다른 대지의 젖줄이 저렇게 이과수를 뛰어 내리면 물은 하나 되어 대서양에서 바다를 이룬다.

　그리고 언젠가 때가 되면 하늘에 올라 구름으로 머물렀다가 삼라만상이 목말라 하면 생명수가 되어 대지를 적셔준다. 윤회를 통한 우주의 섭리는 하늘과 땅이 하나요, 자연과 인간이 하나이며 너와 내가 또한 하나였으리라.

　안데스 넘어 아마존으로, 그리고 여기 이과수까지 이제 이 산책로를 지나 더 갈 곳이 없으면, 올 여름의 여정도, 그리고 중남미 역사문화 기행의 발걸음도 더 갈 곳이 없다. 가느다

양국의 정글을 무지개와 함께 연결하고 있는 폭포의 장관.

랗게 이어지는 통나무 다리가 폭포에 걸친 듯 아슬아슬하다.

신이 스스로도 감탄을 멈추지 못할 만한 자신의 걸작 몇 개를 이 지구상에 만들어 놓았다면 아마도 그중에 으뜸은 이곳이요 그래서 신도 자주 찾을 듯한 이과수다.

에베레스트는 구름을 발 아래 거느렸더니, 이과수는 아마존을 좌우 양팔로 거느리고 있다.

여기저기서 몰려든 열에 열골 물이 한데 합수하여 거대하면서도 터질 듯한 폭포수로 쏟아져 내릴 때의 장관은 가히 '신이 내린 선물'임에 틀림이 없음이다.

몇겹씩 피어오른 물 향기 그 너머에 일곱 빛깔이 눈부시다. 무지개꽃이 너무너무 아름다워 소리쳐 물어 보았다.

"우리에게 찌들지 않은 인생은 무엇이고,

유유자적한 예쁜 삶은 또한 어떤 것인가" 라고,

지금도 문득문득 강의실에서 창밖을 내다보고 있으면 갑자기 거대한 물줄기가 온몸으로 덮쳐 오는 착각(錯覺)에 빠지곤 한다.

에필로그

진눈깨비 조차 날리던 풍세 사나운 어느 날.

계단 한켠으로 시선이 끌려 들어가는 순간 흩날리던 눈부스러기였나 싶었는데 아니었다.

그것은 꽃 이었다.

아직들 겨울잠에서 깨어나기도 전인데 연약한 가지에 매달린 꽃은 새끼 손톱보다도 작았다. 하도 앙징맞아 꽃잎을 세어보려니 그 가운데엔 씨방도 박혀 있다.

눈에 뜨일동 말동한 것이 야무지긴⋯⋯.

조물주가 창조한 우주 만물 중에 제일 아름다운 것이 있다면 그 것은 파랗게 빛나고 있는 지구라는 별 이라고 했다. 그 안에 60억 인간을 비롯하여 온갖 생명체들이 존재하고 있다.

삼라만상 중에 '꽃처럼 우아한 여인'이나 '꽃다운 나이' 혹은 '꽃향기'와 같은 표현도 있지만 꽃보다 더 예쁜 것이 무엇일까는 아직도 궁금하다.

꽃은 하나의 생식기관이기 때문에 사랑의 열매를 거두기 위해 피고 진다.

만약 꽃에서 씨받이의 열매가 없었다면 아름다움에 앞서 쌀 한 톨, 옥수수 한 알갱이 얻을 수 없어 인류의 생존 자체가 오늘에 이 르지 못했을 것이다.

그러므로 꽃은 아름다움의 대상 이전에 우주 생명체의 근원이 다.

사람마다 지문이 모두 다르듯 꽃 역시 비슷한 것은 있어도 똑같은 것은 하나도 없다. 서로 다른 모양새의 꽃봉오리들은 또 다른 아름다움을 위해 피고 진다.

　새로운 역사와 인류의 문명이 또한 그와 같은 이치일 터인데 처처에서 잉태하고 피어났던 문화의 꽃들이 지구상에서 자꾸만 사라져가고 있다.

　그것도 혜택을 가장 많이 누리고 있는 무지몽매한 인간들에 의해서 말이다. 이는 먼 훗날 우리 후손들의 생존이 위태롭게 될 요인이기도 하다.

　꽃은 꺾는 것이 아니라 보는 것이며 잘 가꾸면 인간에게 웃음꽃으로 흠뻑 보답해준다.

　이 세상 도처에 피어난 꽃망울들은 새로운 문명의 알파요 오메가다. 그것을 가꾸고 꽃피우는 것은 관리의 능력이요, 좋은 열매를 잘 거두는 것은 보존의 지혜다.

　수많은 세월동안 지구촌에 피고 진 인류 문명의 꽃들이 무릇 기하임에도 자꾸만 훼절되고 있음은 꽃을 보지 못하고 꺾어 버림과 다를 바가 없다. 그것은 돌이킬 수 없는 어리석음이요 유구한 역사 앞에 죄인됨이다.

　인류의 위기는 인간이 전혀 알아차리지 못할 만큼 서서히 다가오는게 특징이라고 했다.

　어느 순간 뒤집힌 압정을 밟았을 때 처럼 소스라치면서 '이게 아닌데……'라고 깨달아 본들 그 때는 이미 흘러간 물이 물레방아를 다시 돌릴 수 없음과 같다.

　'꽃은 꺾는게 아니고 보는 것'이라는 어린아이 수준의 교훈을 한번 더 되뇌이면서 잘 가꾼 꽃대궐에 온세상 가득 웃음꽃이 활짝 피어나듯 배낭여행의 새로운 세계를 위하여 지구촌 5대양 6대주를 한바퀴 돌아보고 있는 우리들의 역사 문화 기행이 두고두고 꽃나 비가 되어 훨훨 날았으면……

오부자네 노고산장에서

체중이 무려 3.7kg나
줄어든 귀국 길의
필자 자화상.
하지만 헬쑥한 웃음
속엔 3.7 ton의
보람만이 가득.
어느새 마음은 내년
여름의 아프리카
여로를 더듬고……

안데스 넘어 아마존으로

초판 인쇄 2002년 12월 10일
초판 발행 2002년 12월 15일

지 은 이 강인철
펴 낸 이 이수용
펴 낸 곳 **수문출판사**

등   록 1988년 2월 15일 제 7-35호
주   소 132-864 서울 도봉구 쌍문3동 103-1
전   화 02-904-4774, 02-994-2626 팩스 02-906-0707
E-mail : smmount@chollian.net
Homepage : www.soomoon.co.kr

ISBN 89-7301-077   03980